住房城乡建设部土建类学科
专业"十三五"规划教材

住房和城乡建设部中等职业教育建筑施工与建筑装饰专业指导委员会规划推荐教材

装饰装修施工工艺

（建筑装饰专业）

张　强　主　编
彭江林　副主编

中国建筑工业出版社

图书在版编目（CIP）数据

装饰装修施工工艺 / 张强主编 . —北京：中国建筑工业出版社，2014.12（2022.8重印）

住房城乡建设部土建类学科专业"十三五"规划教材. 住房和城乡建设部中等职业教育建筑施工与建筑装饰专业指导委员会规划推荐教材（建筑装饰专业）

ISBN 978-7-112-17585-7

Ⅰ.①装…　Ⅱ.①张…　Ⅲ.①建筑装饰—工程施工—中等专业学校—教材　Ⅳ.①TU767

中国版本图书馆CIP数据核字（2014）第289906号

　　本教材共分6个项目，内容为建筑装饰隐蔽工程，装饰装修泥水工程，建筑装饰木作工程，装饰装修涂饰工程，建筑装饰裱糊工程，建筑装饰门窗工程。

　　本教材适用于中等职业建筑装饰专业师生使用，也可作为相关专业从业人员参考用书。

　　为更好地支持本课程的教学，我们向使用本教材的教师免费提供教学课件，有需要者请与出版社联系，邮箱为：10858739@qq.com

责任编辑：陈　桦　刘平平
书籍设计：京点制版
责任校对：陈晶晶　刘梦然

住房城乡建设部土建类学科专业"十三五"规划教材
住房和城乡建设部中等职业教育建筑施工与建筑装饰专业指导委员会规划推荐教材
装饰装修施工工艺
（建筑装饰专业）

张　强　主　编
彭江林　副主编

＊

中国建筑工业出版社出版、发行（北京海淀三里河路9号）
各地新华书店、建筑书店经销
北京京点图文设计有限公司制版
北京中科印刷有限公司印刷

＊

开本：787×1092毫米　1/16　印张：12¼　字数：293千字
2017年8月第一版　2022年8月第二次印刷
定价：**49.00**元（赠课件）
ISBN 978-7-112-17585-7
　　　（26792）

本系列教材编委会

主　任：诸葛棠

副主任：（按姓氏笔画排序）

姚谨英　黄民权　廖春洪

秘　书：周学军

委　员：（按姓氏笔画排序）

于明桂　王　萧　王永康　王守剑　王芷兰　王灵云

王昌辉　王政伟　王崇梅　王雁荣　付新建　白丽红

朱　平　任萍萍　庄琦怡　刘　英　刘　怡　刘兆煌

刘晓燕　孙　敏　严　敏　巫　涛　李　淮　李雪青

杨建华　何　方　张　强　张齐欣　欧阳丽晖　金　煜

郑庆波　赵崇晖　姚晓霞　聂　伟　钱正海　徐永迫

郭秋生　崔东方　彭江林　蒋　翔　韩　琳　景月玲

曾学真　谢　东　谢　洪　蔡胜红　黎　林

序言 ◆◆
Preface

　　住房和城乡建设部中等职业教育专业指导委员会是在全国住房和城乡建设职业教育教学指导委员会、住房和城乡建设部人事司的领导下，指导住房城乡建设类中等职业教育（包括普通中专、成人中专、职业高中、技工学校等）的专业建设和人才培养的专家机构。其主要任务是：研究建设类中等职业教育的专业发展方向、专业设置和教育教学改革；组织制定并及时修订专业培养目标、专业教育标准、专业培养方案、技能培养方案，组织编制有关课程和教学环节的教学大纲；研究制订教材建设规划，组织教材编写和评选工作，开展教材的评价和评优工作；研究制订专业教育评估标准、专业教育评估程序与办法，协调、配合专业教育评估工作的开展等。

　　本套教材是由住房和城乡建设部中等职业教育建筑施工与建筑装饰专业指导委员会（以下简称专指委）组织编写的。该套教材是根据教育部 2014 年 7 月公布的《中等职业学校建筑工程施工专业教学标准（试行）》、《中等职业学校建筑装饰专业教学标准（试行）》及其课程标准编写的。专指委的委员专家参与了专业教学标准和课程标准的制定，并将教学改革的理念融入教材的编写，使本套教材能体现最新的教学标准和课程标准的精神。教材编写体现了理论实践一体化教学和做中学、做中教的职业教育教学特色。教材中采用了最新的规范、标准、规程，体现了先进性、通用性、实用性的原则。本套教材中的大部分教材，经全国职业教育教材审定委员会的审定，被评为"十二五"职业教育国家规划教材。

　　教学改革是一个不断深化的过程，教材建设是一个不断推陈出新的过程，需要在教学实践中不断完善，希望本套教材能对进一步开展中等职业教育的教学改革发挥积极的推动作用。

　　　　　　　　住房和城乡建设部中等职业教育建筑施工与建筑装饰专业指导委员会

　　　　　　　　2015 年 6 月

装饰装修施工工艺是中职学校建筑装饰专业的一门专业方向课程。要求学生通过本课程的学习，掌握建筑装饰装修施工工艺和装饰施工质量验收规范，并了解施工安全基本知识及装饰施工工程通病防治方法，熟悉对各部位装饰施工的施工流程及施工方法，懂得施工机具的使用及操作要领，并初步具备室内装饰施工员、室内装饰质量检验员、室内装饰施工监理员的基本职业能力，满足学生职业生涯发展的需求。

根据建筑装饰施工流程的特点，本教材把装饰装修施工工艺流程的主要内容分为 6 个项目 18 个工作任务。项目的设计是以满足建筑装饰工程施工的职业能力培养为目标，以国家现行的建筑装饰施工规范、标准为依据。在内容安排上淡化理论，以技能培养为主，力求使学生通过学习本教材，真正理解和掌握装饰装修施工从进场到工程验收的完整流程。此外，本教材尽可能多的采用插图、表格，图文对照，让教材直观易懂，内容生动，便于学生掌握和比较，也便于教师在教学过程中的实操。本教材既可作为中等职业学校建筑装饰专业教材，也可作为其他相关专业的培训教材或技术参考书。

本教材由贵州省建设职业技术学院建筑艺术与设计分院张强担任主编，彭江林担任副主编，吴嘉毅和广州市建筑工程职业学校蔡艺钦两位参编。另外在编写过程中贵州省建设职业技术学院的李鑫老师做了许多基础性工作在此一并表示感谢！

本书编写时间仓促，加之编者水平有限，资料不全。书中的缺点和错误、疏漏之处在所难免，敬请有关专家、同行和广大读者提出宝贵意见，在此深表感谢。

目录 ◆◆
Contents

项目 1
建筑装饰隐蔽工程

【项目概述】

所谓"隐蔽工程"，就是在装修后被隐蔽起来，表面上无法看到的施工项目。也就是敷设在面层装饰内部的工程。建筑装饰装修的隐蔽工程主要包括六个方面：电气管线工程、给水排水工程、地板基层、护墙板基层、门窗套板基层、吊顶基层。

【学习目标】

知识目标：通过本课程的学习，了解建筑装饰隐蔽工程的电路、水路施工工艺、操作程序、质量标准及要求；掌握室内装饰水电施工材料品种、规格及特点；能熟练识读水电施工图纸。

能力目标：通过本课程的学习，能对电路、水路施工中常见的问题进行质量控制；懂得如何进行装饰工程电路、水路工程验收；具有水电工的操作基本能力，能正确选用、操作和维护常用施工机具，正确使用常用测量仪器与工具。

素质目标：通过本课程的学习，培养具有严谨的工作作风和敬业爱岗的工作态度，自觉遵守安全文明施工的职业道德和行业规范；具备能自主学习、独立分析问题、解决问题的能力；具有较强的与客户交流沟通的能力、良好的语言表达能力。

任务1　建筑装饰电路施工

【任务描述】

电路工程施工是根据电路设计布置图，对整个装修项目需要安装的电器设施，如照明灯具、电源插座、开关、电视、电话、信息、消防控制装置、各种动力装置、控制设备等进行的施工项目。应完成的工作包括强弱电线路的布置埋设、电源终端的定位安装、各分支线路与入户配电箱的连接及相关电器设备的安装。

电路工程施工的质量直接关系到整个装修项目的使用效果和功能，所以施工过程中材料的使用和施工工艺一定要严格按照标准和规程进行。

【学习支持】

电路工程施工应遵循以下施工规范：

《建筑电气工程施工验收规范》GB50303-2015

《建筑给水排水及采暖工程施工质量验收规范》GB50242

《建筑工程施工质量验收统一标准》GB50300-2013

《建筑装饰装修工程施工质量验收规范》GB50210

《住宅装饰装修工程施工规范》GB50327

【学习提示】

施工中应注意遵照规范要求制定合理的施工程序及安全措施。只有严格地按照操作规程精心施工，才能保证工程进度和质量。

1. 不能违背操作规程进行施工。

2. 一般情况下不带电作业。

3. 养成文明施工的良好习惯，对施工现场应及时清扫整理，做到工完场清。

【学习支持】

1.1.1　施工准备与前期工作

1. 作业条件

1）主体结构分部工程经过有关单位（如建设、设计、监理、施工单位等共同验收并签认）检查验收合格；

2）详细可行的电路走向设计图纸；

3）临时施工用电设备安全可靠，施工现场临时电源应有完整的插头、开关、插座、漏电保护器设置，临时用电须用电缆；

4）其他日常准备工作完毕。

2. 材料要求

1）所有敷设管材配件均应符合国家现行技术标准的有关规定，并应有合格证；

2）所用附件如开关盒、灯线盒、插座盒、接线盒、端接头、管箍等，必须使用配套的阻燃制品，其外观应整齐，预留孔齐全，无裂纹等损坏现象；

3）电线规格的选用：家庭装修中，按国家的规定，照明、开关、插座要用 $2.5m^2$ 的电线，空调要用 $4m^2$ 的电线，热水器要用 $6m^2$ 的电线。

3. 施工机具

云石机、电锤、电钻、錾子、手锤、卷尺、水平尺、铅笔、墨线盒、普通电工工具、绝缘摇表、万用电表等。

【任务实施】

1.1.2 施工操作程序与操作要点

1. 工艺流程

电源终端定位→划线→开槽→埋设线盒及敷设线管→穿线→电阻测量检查→安装开关，各种插座，强弱电箱→完成电路布线图。

2. 操作工艺

1）定位划线：首先要根据电气施工图对电的用途进行电路定位，比如，哪里要开关、哪里要插座、哪里要灯等进行定位。确定线路终端插座，开关，面板的位置，在墙面标画出准确的位置和尺寸（图1-1）。

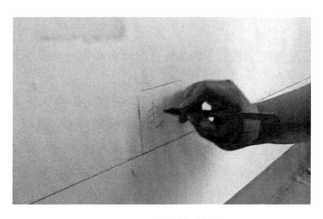

图 1-1　确定电源终端

【知识链接】

电路设计图是电路改造施工的主要依据，电路设计施工图的正确识读是电路改造工程能顺利实施的基本保证，电路施工图所表达的内容通常有两个，一是供电、配电线路规格与铺设方式；二是各类电器设备终端的定位和标高。

施工前应认真熟悉图纸和相关技术资料，弄清设计意图和对施工的各项技术质量要求，弄清各部位的尺寸及相关的标高、位置。在此基础上与其他的有关专业工种进行图纸会审。

只有通过图纸会审，才能找出设计上和各施工工种间存在的问题，减少施工中的差错，并加以解决。

【知识链接】

1. 强弱电的间距要在 30 ～ 50cm，因为强电会干扰你的电视和电话（图 1-2）。

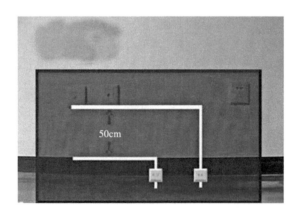

图 1-2　强弱电间距

2. 强电、弱电的插座相隔距离最少 30cm。

3. 线管的美观不是以横平竖直而论的，而是以最近的距离和最少的折弯算是科学的，经济的，合理的。

4. 在装地暖的房间布线，要尽量的靠墙边。因为地暖的热量会加速电线的老化。

下面就可以在墙上弹上墨线了，在这里提示一下，要先弹上强电、弱电的墨线痕迹，在开槽的时候要先强电后弱电的顺序一步一步地做，不可混淆。

在线管布置画线时，通常的做法是把原来房间的线路都废弃不要，直接从配电箱处掐断电源，整体重新布线。这样便于统一安排和管理，另外，布线时需注意房屋的原始图纸，检查水路管道的走向是否和电路设计的走向有交叉、重叠的地方没有，如有问题要更改电路或水路走向设计（图 1-3）。

图 1-3　电路走向弹线

2）开槽：定位完成后，电工根据定位和电路走向，开布线槽，线路槽很有讲究，要横平竖直，不过，规范的做法，不允许开横槽，因为会影响墙的承重力。

图 1-4　云石机开槽

【知识链接】

电路改造工程的开槽施工规范

开槽深度应一致，槽线顶直，应先在墙面弹出控制线后，再用云石机切割墙面，人工开槽。

（1）起凿：在墙面上面出线管定向，可以水平，可以垂直，也可以倾斜；可以是直线，也可以有适度的弯，但要保持流畅。

（2）加深：沿走向线凿去砂浆层与砖角以形成线槽，为避免崩裂，以多次斜凿加深为宜，深度大于线管直径 1cm 以上。

（3）修平线槽：将线槽修平，尽可能保持宽窄一致，转弯处应以圆弧连接（尽可能不转弯，以免热弯线管费事，增加穿线难度）。

3）埋设线盒及敷设线管：线槽开好后首先进行线盒的埋设，敲去线盒安装孔盖，对准线槽，并使线盒面稍稍伸出砖砌面，且低于粉刷面3～5mm，再用调成膏状的水泥砂浆粘牢。注意安装要保证水平，否则面板安装后可能不平。待固定线盒的水泥砂浆凝结后，确定线盒不会产生位移了即可进行线管的敷设。

【知识链接】

所有开关、插座、灯位处均应安装接线盒。在家居装修中，接线盒是电工辅料之一，因为装修用的电线是穿过电线管的，而在电线的接头部位（比如线路比较长大于15m，或者电线管要转角）就采用接线盒做为过渡用。电线管与接线盒连接，线管里面的电线在接线盒中连起来，起到保护电线和连接电线的作用，这个就是接线盒（图1-5）。

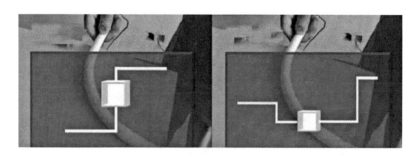

图1-5　增设接线盒

一般国内的接线盒是86型的，就是大致在100mm×100mm左右，配接线盒盖（或者直接配开关和插座面板），一般是PVC和白铁盒材质

线管敷设：暗管铺设需用专用PVC管，明线铺设需使用PVC线槽。在线管中穿入引线后，将线管伸入接线盒的安装孔内1cm以上或用专用连接件进行连接，把线管逐段推入管槽底，利用管卡初步固定（不可太紧）。然后逐段整理，使线管服帖后再加强固定。

所有管路都应与结构进行固定，避免在补灰时造成线管的位移。还有一点十分重要，这就是在施工时应该先安装管路，然后再穿导线，这样就可以避免将来进行换线时，出现导线无法抽动的现象。

【知识链接】

电线保护管加工：冷弯管可以弯曲而不断裂，是布线的最好选择。通常选用直径为17mm的专用PVC管作线管。此种线管切割时可用手工锯开，弯曲时可直接冷弯，但内部应塞入弯管弹簧（直径略小于线管直径），弯后将弹簧取出（事先接入细铁丝）。此外，弯管处也可采用波纹管，以便于弯曲。

　　一般而言，线槽内的线管最好不采用接长法，而将短管用于短处。如确有必要接长时，可在相同管径的端头套上一小段大一号的线管，以专用接口胶粘牢（图1-6）。

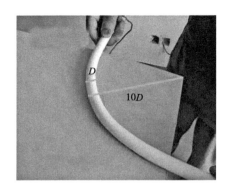

图 1-6　导线保护管冷弯

　　冷弯要用弯管工具，弧度应该是线管直径的 10 倍，这样穿线或拆线，才能顺利。电线保护管的弯曲处，不应有褶皱（图1-7）。

图 1-7　弯管前插入弹簧

　　4）穿线：

　　穿线引入；利用线管内事先穿入的引线，将待装电线引入线管之中。引线采用直径1.2mm（18号）或1.6mm（16号）的钢丝，将端头弯成小钩插入管口，边转边穿。若弯管不易穿引，可采取两头对穿的方法，具体做法是一人转动一根钢丝，感觉两钢丝相碰时则反向转动，待铰合一起，则一拉一送，即可穿过。注意，至少要有一根钢丝要大于管长。

　　带线；利用引线可将穿人管中的导线带出，管中的导线可能有几根，应一次穿入。管路内严禁有电线接头。

　　【知识链接】

　　电路布线敷设时应视管内所穿导线数量的多少而变化，同一管内，不宜超过八根，禁止导线将管内空间全部占满（图1-8）。

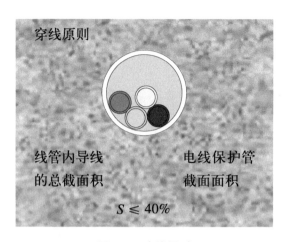

图 1-8　穿线原则

电路的分路原则：空调、照明、插座应分路控制，一般至少四路。照明走一路、空调走一路、插座走三至四路。这样做的好处是，一旦某一线路发生短路或其他问题时，停电的范围小，不会影响其他几路的正常工作。

5）电阻测量检查

导线连接好后，在连接开关或插座前要进行导线的电阻测量，首先使用专用测量摇表来进行导线与导线间的电阻值检测。

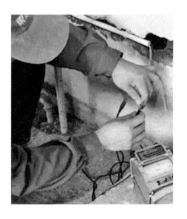

图 1-9　电阻测量

分别把摇表的两个夹子夹在需要检测的两根导线的线芯上，注意两个线芯不能相互接触，匀速摇动摇表手柄，当表针稳定时，读数应大于 0.5Ω，反之，所测导线就达不到绝缘要求。

导线对地间的绝缘电阻值测量也是一样的，只是摇表的夹子是分别夹在相线和接地线上，读数同样也应大于 0.5Ω。

6）安装开关、插座面板，强弱电箱

开关、插座等面板的安装通常是在墙地面饰面工程完工后进行，开关、插座的接线原则是，面对面板左侧接零线，右侧接火线，上边接接地线。

图 1-10　插座接线

家里不同区域的照明、插座、空调、热水器等电路都要分开分组布线；一旦哪部分需要断电检修时，不影响其他电器的正常使用；配电控制开关应按规范要求合理配置。配置过小会导致使用不便，过大则不能保证安全用电（图 1-11、图 1-12）。

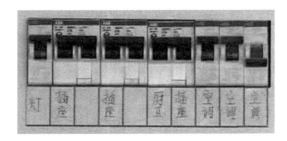

图 1-11　强电箱

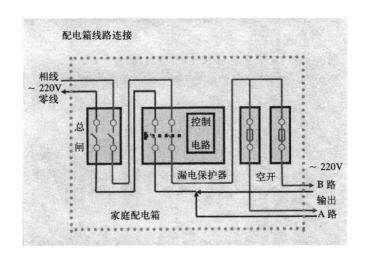

图 1-12　配电箱线路连接示意

【学习支持】

1.1.3 施工质量控制要求

1. 电路施工准备阶段的质量控制

在施工之前，应对材料、设备进行严格的考察和检验，一切合格后方可签订购入协议。同时，待相应材料和设备送来后，应会同相关的技术人员与监管部门对其进行实地检验，合格后才能安装。对于暂不能投入使用的材料和设备，应在做好检验的同时做好记录，以便后期使用。

2. 电路施工中的质量控制

在电路施工中，应严格按照电路设计图纸和相关技术执行，同时应保证施工中的操作程序正确，发现问题及时向上级汇报并提出处理意见，尤其是材料、设备无验证的，更应坚决禁止使用。

3. 电路施工安装及调试阶段的质量控制

安装调试的过程中，应注意把配电箱、线盒内压线做出样板，并且保证布线的整齐和牢固，然后再进行整体施工，否则很容易出现线乱，从而影响施工进度，甚至返工。尤其对有电缆、插接母线、导线的设备必须再次经过绝缘测试，合格后才能进行送电调试。

电路施工过程复杂，涉及各种细节，在工程安全、进度和质量的总前提下，施工人员应坚持认真工作，注重各个环节，防止过度工作，并及时引进先进设备，不断完善自身，这样才能满足电气施工的要求，从而保证装饰工程的整体质量。

【知识链接】电路施工注意事项

1）配电箱尺寸，必须根据实际所需空开而定；需设置总开关（两极）+漏电保护器（所需位置为4个单片数，断路器空开为合格产品），严格按图分设各路空开及布线，并标明空开各使用线路。配电箱安装必须有可靠的接地连接；

2）确定开关、插座品牌，核实是否预留门铃、门灯电源，校对图纸跟现场是否相符，不符时经客户同意应调整并签字；

3）电路布线均采用单股铜线，接地线为软铜线，严格按图布线（照明主干线为 $2.5mm^2$，支线为 $1.6mm^2$）管内不得有接头和扭结。禁止电线直接埋入灰层。

4）电话线、电视线、电脑线的进户线均不得移动或封闭，严禁弱电线与强电线安装在同一根管道中（包括穿越开关、插座暗盒和其用暗盒），管线均从地面墙角横平竖直排布；

5）严禁随意改动煤气管道及表头位置，导线管与煤气管间距同一平面不得小于100mm，不同平面不得小于50mm，电器插座开关与煤气管间距不小于150mm；

6）线盒内预留导线长度为 150mm，平顶预留线必须标明标签，接线为相线进开关，零线进灯头；开关插座安装必须牢固、位置正确，紧贴墙面。同一室内，线盒在同一水平线上，安装时必须以水平线为统一标准。

【学习支持】

1.1.4 常见工程质量问题及防治方法

配电线路的断路、电视信号微弱、电话接收干扰等等是常见的电路问题。

1. 线路接头过多及接头处理不当是突出原因。有些线路过长，在电工操作时会有一些接头产生。对接头的打线、绝缘及防潮处理不好，就会发生断路、短路等现象。

预防技巧：线路尽量减少接头。如果必须接线，配电线路要打好接头，做好绝缘及防潮，有条件的话（在适当的工程报价之下）还可以"涮锡"或使用接线端子；电视天线的同轴电缆接线最好使用分置器或接线盒，电话线路与电视线路做法差不多。

2. 敷设暗线未套保护管。套管是为保护隐蔽的线路不被破坏，如果不套或使用不适当的套管，施工当中或今后使用时不能避免线路的损伤，会留下隐患。

预防技巧：墙壁的隐蔽线路使用专用 PVC 硬质线管，注意与线号配套；尽量减少地面走线。万一要在地面走线，考虑到今后会长期处于受压状态，施工当中会受影响，所以最好使用金属管材，而且要固定好，不让它移动。

3. 做好的线路受到后续施工的破坏。常见的主要有：墙壁线路被电锤打断、铺装地板时气钉枪打穿了 PVC 线管或护套线。

预防技巧：在做好的隐蔽线路做上标记，避免被下道工序施工人员无意中破坏。

4. 配电线路不考虑不同规格的电线有不同的额定电流，"小马拉大车"造成线路本身长期超负荷工作，这样会造成严重安全隐患。

预防技巧：配电线路电线的选用要注意它的额定电流。

【评价】

通过实训操作进行考核评价，按时间、质量、安全、文明、环保要求进行考核。首先学生按照表 1-1 项目考核评分，先自评，在自评的基础上，由本组的同学互评，最后由教师进行总结评分。

项目综合实训考核评价表 表 1-1

姓名： 总分：

序号	考核项目	考核内容及要求	评分标准	配分	学生自评	学生互评	教师考评	得分
1	时间要求	270 分钟	不按时无分	10				

续表

序号	考核项目	考核内容及要求	评分标准	配分	学生自评	学生互评	教师考评	得分
2	质量要求	定位	1. 处理不规范扣5分 2. 技术准备不充分扣5分	10				
		打线槽	1. 不能正确使用工具扣15分 2. 不符合施工规范扣15分	30				
		埋线盒、敷管，穿线	1. 线盒埋设不标准扣15分 2. 接线不规范扣15分	30				
		接终端	1. 分路不正确扣10分 2. 未按规范施工扣10分	20				
3	安全要求	遵守安全操作规程	不遵守酌情扣1～5分					
4	文明要求	遵守文明生产规则	不遵守酌情扣1～5分					
5	环保要求	遵守环保生产规则	不遵守酌情扣1～5分					

注：如出现重大安全、文明、环保事故，本项目考核记为零分。

【能力拓展】

电路改造布线的设计

1. 卧室：包括电源线、照明线、空调线、电视馈线、电话线、电脑线。

卧室各线终端预留：床头柜的上方预留电源线口，并采用5孔插线板带开关为宜，可以减少床头灯没开关的麻烦，还应预留电话线口，如果双床头柜，应在两个床头柜上方分别预留电源、电话线口。梳妆台上方应预留电源接线口，另外考虑梳妆镜上方应有投射灯光，在电线盒旁另加装一个开关。写字台或电脑桌上方应安装电源线、电脑线、电话线接口。照明灯光采用单头灯或吸顶灯，多头灯应加装分控器，重点是开关，建议采用双控开关，一个安装在卧室门外侧，另一个开关安装在床头柜上侧或床边较易操作部位。空调线终端接口预留，需由空调安装专业人员设定位置。如果卧室采用地板下远红外取暖，电源线与开关调节器必须采用适合 $6mm^2$ 铜线与所需电压相匹配的开关，温控调节器切不可用普通照明开关，该电路必须另行铺设，直到入户电源空开部分。

2. 走廊、过厅：包括电源线、照明线。

电源终端接口欲留1～2个。灯光应根据走廊长度、面积而定、如果较宽可安装顶灯、壁灯；如果狭窄，只能安装顶灯或透光玻璃顶，安装开关的位置以方便为原则。

3. 厨房：包括电源线、照明线。

电源线部分尤为重要，最好选用 $4mm^2$ 线，因为厨房里用电设备很多如：微波炉、抽油烟机、洗碗机、消毒柜、电烤箱、电冰箱等，所以应根据客户要求在不同部位预留电源接口，并稍有富余，以备日后所增添的厨房设备使用，电源接口距地不得低于50cm，避免因潮湿造成短路。照明灯光的开关，最好安装在厨房门的外侧。

4. **餐厅：包括电源线、照明线、空调线。**

电源线尽量预留2至3个电源接线口。灯光照明最好选用暖色光源，开关选在门内侧。空调也需按专业人员要求预留接口。

5. **卫生间：电源线、照明线。**

电源线宜选用4mm² 以上为宜。考虑电热水器、电加热器等大电流设备，电源线接口最好安装在不易受到水浸泡的部位，如在电热水器上侧，或在吊顶上侧。电加热器，目前常用的是浴霸，同时可解决照明、加热、排风等问题，浴霸、镜灯开关应放在室内。而照明灯光开关，应放在门外侧。

6. **客厅：包括电源线（2.5mm² 铜线）照明线（2.5mm² 铜线）、空调线（4mm² 铜线）、电视线、电话线、电脑线、对讲器或门铃线、报警线。**

客厅各线终端预留分布：在电视柜上方预留电源（5孔面板）、电视、电脑线终端。空调线终端预留孔应按照空调专业安装人员测定的部位预留空调线（16A面板）。单头或吸顶灯，可采用单联开关；多头吊灯，可安装灯光分控器，根据需要调节亮度。在沙发的边沿处预留电话线口。在户门内侧预留对讲器或门铃线口。在顶部预留报警线口。客厅如果需要摆放冰箱、饮水机、加湿器等设备，根据摆放位置预留电源口，一般情况客厅至少应留5个电源线口。

7. **书房：包括电源线、照明线、电视线、电话线、电脑线、空调线。**

书房内的写字台或电脑台，在台面上方应装电源线、电脑线、电话线、电视线终端接口，从安全角度应在写字台或电脑下方装电源插口1～2个，以备电脑配套设备电源用。照明灯光若为多头灯应增加分控器，开关可安装在书房门内侧。空调预留口，应按专业安装人员要求预留。

8. **阳台：包括电源线、照明线。**

电源线终端预留1～2个接口。照明灯光应设在不影响晾衣物的墙壁上或暗装在挡板下方，开关应装在与阳台门相联的室内，不应安装在阳台内。

【课后讨论】

1. 请简要说明电源线布线原则有哪些？
2. 如何正确进行电阻值的测量？
3. 编制建筑装饰电路施工流程。

任务 2　建筑装饰水路施工

【任务描述】

> 建筑装饰水路管道施工是根据水路施工设计布置，对建筑装饰装修项目的用水设备进行布管和设备安装的过程。通常分为给水系统和排水系统，也就是我们常说的上水和下水。

【学习提示】

建筑装饰水路工程施工应遵循以下施工规范：

《建筑给排水及采暖工程施工质量验收规范》GB50242-2002

《建筑工程施工质量验收统一标准》GB50300-2013

《建筑安装分项工程施工工艺规程》BDJ01-26-2003

《民用建筑工程室内环境污染控制规范》GB50325-2010

《住宅装饰装修工程施工规范》GB50327-2002

《建筑装饰装修工程施工质量验收规范》GB50210-2011

【学习提示】

水路改造是家装隐蔽工程中最重要的部分之一，一旦出现问题会造成非常大的损失。在水暖工人进行该项施工前一定要和设计师和业主充分沟通，确定成熟的方案后再进行施工。

室内装修中由于上下水管道的施工方法大同小异，本节着重介绍上水管道的施工方法。

【学习支持】

1.2.1　施工准备与前期工作

1. 作业条件

1）所有预埋预留的孔洞已清理出来，其洞口尺寸和套管规格符合要求，坐标、标高正确。

2）二次装修中需要在原有结构墙体、地面剔槽开洞安管的，不得破坏原建筑主体和承重结构，其开洞大小应符合有关规定，并征得设计、业主和管理部门的同意。

3）施工人员应遵守有关施工安全、劳动保护、防火、防毒的法律法规。

4）施工现场临时用电用水应符合有关规定。

5）材料、设备确认合格、准备齐全并送到现场。

6）所有操作面的杂物、脚手架，模板已清干净。

7）所有沿地、沿墙暗装或在吊顶内安装的管道，应在未做饰面层或吊顶未封板前进行安装。

2.材料要求

1）建筑给排水的管材管件及各种附件的规格、型号及品牌较多，无论选用那类管材，其规格、型号及性能检测报告应符合国家相应的技术标准或设计要求，并具有质量合格证明文件（产品合格证）、产品质量检测报告等。进场时应对其品种、规格、数量、质量外观等进行现场验收、登记。

2）主要器具和设备必须有完整的安装使用说明书。在运输、保管和施工过程中，应采取有效措施防止损坏或腐蚀。

3）阀门安装前，应做强度和严密性试验。

【知识链接】

水管的分类：

主要分三种：金属管、塑料管、塑复金属管。

1.金属管：镀锌管、铜管、不锈钢管；

2.塑料管：PVC 管、PPR 管、PB 管、PE-RT 管、PPH（聚丙烯管）、PP-B（嵌段共聚聚丙烯）、PEX 管；

3.塑复金属管：铝塑复钢管、钢塑复合管、外层熔接型铝塑复合管等。

家装常用的水管：

镀锌管：作为水管，使用几年后，管内产生大量锈垢，流出的黄水不仅污染洁具，而且夹杂着不光滑内壁滋生的细菌，锈蚀造成水中重金属含量过高，严重危害人体的健康（国家已出条例禁止当饮用水管）。

铜管：具有耐腐蚀、消菌等优点，是水管中的上等品，铜管接口的方式有卡套和焊接两种。卡套时间长存在老化漏水的问题，所以安装铜管的用户大部分采用焊接式，焊接就是接口处通过氧焊接到一起，这样就能够跟 PPR 水管一样，永不渗漏。铜管的一个缺点是导热快，所以有名的铜管厂商生产的热水管外面都覆有防止热量散发的塑料和发泡剂。铜管的另一个缺点就是价格贵，极少有小区的供水系统是铜管的。如果用铜管的话，建议一定要采用焊接的接口方式。

不锈钢管：是一种较为耐用的管道材料。但其价格较高，且施工工艺要求比较高，尤其其材质强度较硬，现场加工非常困难。所以，在装修工程中被选择的机率较低，很少被采用。性能与铜管类似。

塑料管—PPR 管（图 1-13）：作为一种新型的水管材料，它既可以用作冷管，也可以用作热水管，由于其无毒、质轻、耐压、耐腐蚀，正在成为一种推广的材料。也适用于热水管道，甚至纯净饮用水管道。PPR管的接口采用热熔技术，管子之间完全融合到了一起，所以一旦安装打压测试通过，不会像铝塑管一样存在时间长了老化漏水现象，而且PPR管不会结垢。

图 1-13 PPR 管

PPR水管的主要缺陷是：耐高温性，耐压性稍差些，长期工作温度不能超过70℃；线膨胀系数大，遇热水后管材容易变形，影响美观；每段长度直管为4m/根，盘管为100～300m不等。且不能小角度施工，如果管道铺设距离长或者转角处（小角度）多，在施工中就要用到大量接头；管材便宜但配件价格相对较高。

PVC管：PVC（聚氯乙烯）塑料管是一种现代合成材料管材。由于能使PVC变得更为柔软的化学添加剂酞，对人体内肾、肝、睾丸影响甚大，会导致癌症、肾损坏，破坏人体功能再造系统，影响发育。一般来说，其强度远远不能适用于水管的承压要求，所以极少使用于自来水管。大部分情况下，PVC管适用于电线管道和排污管道。

铝塑复合管（PAP）（图1-14）：铝塑复合管是通过挤出成型工艺而制造出的新型复合管材，它由聚乙烯层（或交联聚乙烯）——粘合剂层——铝层——粘合剂层——聚乙烯层（或交联聚乙烯）五层结构构成。由于铝塑复合管是夹有金属管的塑料/金属复合管，故集金属管和塑料管两者的优点于一身。内外两层PE具有无毒、耐腐蚀、质轻、脆化温度低等特点。PE经交联后则使其耐热性和机械强度等得到明显提高。中间的铝管除对PE起增强作用，使管材的耐压强度大大提高外，还具有100%隔氧，彻底消除渗透；良好的隔磁和抗静电性能，良好的塑性变形能力，使管材可以任意变形；加强管材的纵向散热能力，增加了管材的阻燃效果；热膨胀系数低于PE，降低了复合管的综合热膨胀系数，使管材尺寸稳定性提高等作用。从而使铝塑复合管具有独特的性能和应用范围较广的特点。

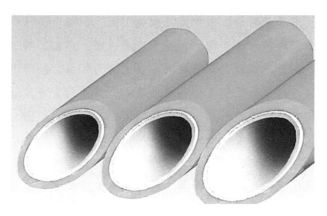

图 1-14 铝塑复合管

3. 施工机具

主要包括以下机具：切割机、弯管器、热熔机、角磨机、冲击电钻、手枪钻、割管器、管子钳、钢锯弓、手锤、扳手、线坠、手动试压泵、钢卷尺、水平尺、水准仪等。

【任务实施】

1.2.2 施工操作程序与操作要点

由于 PPR 热熔管是现今中国大陆地区装饰装修工程中水路管道使用最为普遍的一种材料，本节主要讲解以 PPR 热熔管为主要材料的施工方法。

1. 工艺流程

检查清理现场→定位放线→开槽→卡件固定→预制加工→安装管路→压力试验

2. 操作工艺

1）水工进场时，首先检查原房屋厨卫地面和顶部是否有裂缝，尤其是顶部水管的周围及接头处，看是否有渗漏的痕迹，仔细观察每个窗台及外墙是否有渗漏的痕迹。对原有的下排水管包括洗脸盆、洗菜盆、地漏等做通水试验，看是否堵塞。最后把检查结果告诉业主并作好记录。如果原给水系统是预埋的，最好找到水路布置图，便于施工。然后把排水管口封好，以防施工过程中残渣进入水管中。

2）定位放线：根据施工图及预约业主对用水设备进行定位（如有变动须由业主签字确认），如净水器、热水器、厨宝、马桶和洗手盆等，它们的位置、安装方式以及是否需要热水；以确定管道终端的位置。并根据管道端口的位置在墙、顶、地面弹出管道走向的线路。

【知识链接】

施工图识读：施工前首先要认真地对图纸和各种技术资料进行熟悉，弄清楚设计意图和对施工的各种技术质量要求。室内给排水施工图，一般由设计说明、平面图、系统图和详图组成。在拿到给排水施工图时，首先应看说明，详细了解说明内容，特别是给排水系统划分情况，同时根据设计说明要求，以系统为线索，按管道类别，如给水、热水、排水等分类阅读，将平面图和系统图对应着看，重点检查各类管道交汇处的位置和高程有无矛盾，弄清管道连接处位置，各管段的管径、标高、坡向、坡度、地漏、存水型及各种卫生器具、设备等位置和形式及相关定位尺寸。

给水系统顺着水流进水方向，经干管、立管、横管、支管到用水设备的顺序进行识读。

排水系统顺着流水方向，经卫生器具、器具排水管、横管、立管、排出管到室外检查井的顺序进行识读。

水管走向一般可根据房型结构来确定，可分为吊顶排列、墙槽排列、地面排列及明管安装（图 1-15）。

图 1-15 管路走向定位

【知识链接】

家装管道施工常规尺寸：

台盘冷热水高度：50cm

墙面出水台盘高度：95cm

拖把池高度：60 ~ 75cm

标准浴缸高度：75cm

冷热水中心距（图 1-16）：15cm

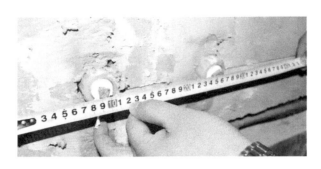

图 1-16　冷热水终端间距

按摩式浴缸高度：15 ～ 30cm

冲淋高度：100 ～ 110cm

热水器高度（燃气）：130 ～ 140cm

热水器高度（电加热）：170 ～ 190cm

小洗衣机高度：85cm

标准洗衣机高度：105 ～ 110cm

坐便器高度：25 ～ 30cm

上述尺寸可供参考，可按实际情况来确定。

3）开槽：弹好线以后就是开槽，用专用工具切割机按线路割开槽面，再用电锤开槽，另外需要提醒的是，有的房屋是承重墙钢筋较多较粗，不能把钢筋切断，以免影响墙体质量，只能开浅槽（贴砖时再提前抹水泥砂浆找平）或走明管，也可以绕走其他墙面（图 1-17）。

图 1-17　管槽开凿

管槽的宽度一般为管直径的 1.5 倍左右。根据管道嵌埋深度，冷水管≥ 10mm、热水管≥ 15mm、地面管道≥ 10mm 确定开槽深度，以保证修粉层厚度（图 1-18）。

图 1-18　管槽深度检查

【知识链接】

水电开槽施工规范及注意事项

开槽不标准，会影响水管出水口的正确定位，导致龙头或三角阀等无法安装。

1. 一般来说，水管开槽原则是"走顶不走地，走竖不走横"

〇因为刨地地下有很多暗埋的管道和电线，万一破坏了原来的地下管道将非常麻烦！而且走地的话，在后期装修过程中，万一电钻破坏水管，影响安全！

水管从顶上走，到了需要出水的部位后，沿墙面开竖槽往下到合适的高度，预留好花洒、面盆、洗衣机等出水口。这样做的好处是，当装修完工贴砖后，您可以根据出水口的位置，判断水管的走向。即所有的水管均在出水口垂直向上，从而避免水管不会有任何原因被破坏而且一旦发生漏水，便于维修；

水路走地不易发现，因为水是往低处流的，漏水的地方不一定先流出水，只有当水漏到楼下或水漫金山，才会发现漏水，但由于是暗管，也无法立刻找到漏水的地方，所以损失会相当大；走顶的话，厨房卫生间可以用铝扣板吊顶遮住，在穿墙过玄关部分我们是沿着边角走，可以用石膏线包上，不影响美观。最关键的是如果发生跑冒滴漏的现象后会立马发现到，造成的间接损失小，而且维修起来的也非常方便，更不会对楼下及其他物业造成损坏。

2. 开槽施工尺寸要求：

墙槽的宽度，单槽为 4cm，双槽为 10cm，墙槽深度为 3 ~ 4cm。并注意横平竖直。墙槽高度是根据用水设备的不同而定。

冷热水管之间一定要留出间距。因为经过热水器加热后热水在循环过程中热量会流失。如果冷热水管紧靠一起，冷水也在循环，热水管的热量损失会加快。

4）卡件固定：水管线路施工过程中要进行必要的固定，不使水管在工作时有抖动现象，也避免在后续施工中水路管线改变位置。管道安装时，宜采用管材生产厂家的配套管卡。目前市场上有各种规格、型号的塑料墙卡子、吊卡等特别是塑料管道的支吊架较多，可根据需要选用。但大管径的塑料给水管道，宜采用型钢支吊架，其安装牢固，稳定性好（图1-19）。

图 1-19　管卡安装

管道安装时必须按不同管径和要求设置支架、吊架或管卡，位置应准确，埋设应平整牢固。管卡与管道接触紧密，但不得损伤管道表面（图 1-20）。

现场加工的各种支吊架，要在安装前认真除锈，并刷防锈漆两遍，待漆干后方能进行安装，不允许先安装后刷漆。一是安装上去的支吊架，局部有些地方无法除锈刷漆；二是因为在涂刷防锈漆是往往容易造成交叉污染。

暗管也可在槽内打木楔，用铜线固定管子。

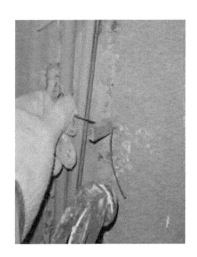

图 1-20　固定管道

支吊架的安装要求横平竖直，安装牢固。管材支吊架的间距应满足表 1-2 要求。

表 1-2

		公称外径/mm	20	25	32	40	50	63	75	90	110
支架的最大间距（m）	钢管管道	立管	2.4	2.4	3.0	3.0	3.5	3.5	3.5	3.5	3.5
		横管 保温管	2.5	2.5	2.5	3.0	3.0	4.0	4.0	4.5	4.5
		横管 不保温管	3.0	3.5	4.0	4.5	5.0	5.0	6.0	6.0	6.5
	塑料管道	立管	0.7	0.8	0.9	1.2	1.4	1.6	1.8	2.0	2.2
		横管 冷水管	0.4	0.5	0.65	0.8	1.0	1.2	1.3	1.5	1.6
		横管 热水管	0.3	0.35	0.4	0.5	0.6	0.7	0.8		

竖直安装时，应吊坠线进行分点，使所有立管单卡、双管卡的固定点都落在垂线上，以保证安装的垂直度。水平安装也应挂线分点，并根据设计要求注意放坡度。有阀门的地方要增设支吊架，不得让管道承重。管道拐弯的地方，应在拐点两端设加固支吊架。

5）预制加工：管材切割前，必须正确丈量和计算好所需长度，放样下料时应综合考虑不同管路、管径的用料情况，尽量做到套裁以避免浪费和增加中间接头。用铅笔在管表面画出切割线和热熔连接深度线，连接深度应符合表 1-3 的规定。

热熔连接深度及时间
表 1-3

外径（mm）	热熔深度（mm）	加热时间（s）	加工时间（s）	冷却时间（min）
20	14	5	4	3
25	16	7	4	3
32	20	8	4	4
40	21	12	6	4
50	22.5	18	6	5
63	24	24	6	6
75	26	30	10	8
90	32	40	10	8
110	38.5	50	15	10

注：本表加热时间应按热熔机具产品说明书及施工环境温度调整。若环境温度低于 5℃ 加热时间应延长 50%。

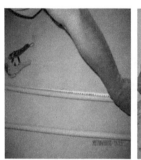

图 1-21　精确下料

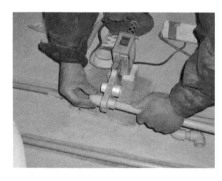
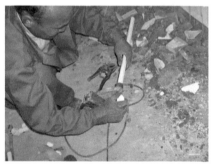

图 1-22　热熔连接

　　熔接弯头或三通等管件时，应注意管道的走向宜先进行预装，校正好方向，用铅笔画出轴向定位线（图 1-21、图 1-22）。

　　PPR 管的焊接要注意不要烫管过度，造成焊接后管路狭窄，水流通过不畅。

【知识链接】

PPR 管的连接

可采用焊接、热熔和螺纹连接等方式。其中热熔连接最为可靠,操作方便,气密性好,接口强度高。连接前,应先清除管道及附件上的灰尘及异物。管道连接采用熔接机加热管材和管件,管材和管件的热熔深度应符合要求。

连接时,无旋转地把管端插入加热套内,达到预定深度。同时,无旋转地把管件推到加热头上加热,达到加热时间后,立即把管子与管件从加热套与加热头上同时取下,迅速无旋转地、均匀用力插入到所要求的深度,使接头处形成均匀凸缘。在规定的加热时间内,刚熔接好的接头还可进行校正,但严禁旋转。将加热后的管材和管件垂直对准推进时用力不要过猛,防止弯头弯曲。

连接完毕,必须紧握管子与管件保持足够的冷却时间,冷却到一定程度后方可松手。

当 PPR 管与金属管件连接时,应采用带金属嵌件的 PPR 管作为过渡,该管件与 PPR 管采用热熔承插方式连接,与金属管件或卫生洁具的五金配件连接时,采用螺纹连接,宜以聚丙乙烯生料带作为密封填充物。安装时,不得用力过猛,以免损伤丝扣配件,造成连接处渗漏。

6) 安装管路:施工时,相互间应遵从小管让大管,有压管让无压管的原则,先易后难,先安主管,后安水平管和支管。加工制作好一段安一段,切忌遍地开花,到处丢头收不了口。

安装管线要横平竖直,位置准确,以利将来覆盖后进行其他施工时准确确定暗埋水管的位置。墙体内、地面下,尽可能少用或不用连接配件,以减少渗漏隐患点。连接配件的安装要保证牢固、无渗漏(图 1-23)。

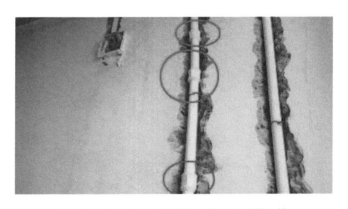

图 1-23　图中这种安装方法是要绝对禁止的

管道在出墙的尺寸应考虑到墙砖贴好后的最后尺寸，即预先考虑墙砖的厚度。冷、热水上水管口应该高出墙面两厘米，铺墙砖时还应该要求瓦工铺完墙砖后，保证墙砖与水管管口同一水平。尺寸不合适的话，以后安装电热水器、分水龙头等，很可能需要另外加装管箍、内丝等连接件才能完成安装（图1-24）。

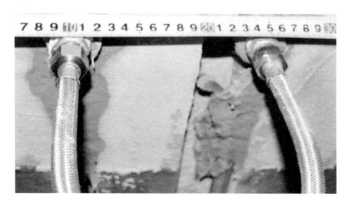

图1-24　管道终端安装检测

进水应设有室内总阀，安装前必须检查水管及连接配件是否有破损、砂眼、裂纹等现象。

7）压力试验：连接完后用试压泵对整个管线进行打压测试

试压前应关闭水表后闸阀，避免打压时损伤水表。将试压管道末端封堵缓慢注水，同时将管道内气体排出。充满水后进行密封检查。加压宜采用手动泵或电动泵缓慢升压，升压时间不得小于10分钟，升至规定试验压力（一般水路8个压）后，停止加压，观察接头部位是否有渗水现象。稳压后，半小时内的压力降不超过0.05MPa为合格。试压结束，必须做好原始记录，并签字确认（图1-25）。

图1-25　试压

【学习支持】

1.2.3 施工质量控制要求

1）冷热水管上下平行安装时，冷热水管应上热下冷；竖向垂直安装时，冷热水管应左热右冷。水管安装不得靠近电源。改造结束后，冷热水管用软管连接，保持热水管中始终有水压。

2）室内给水管道穿越吊顶、管井时，管道结露影响使用的，应做防结露保温处理。水管安装应横平竖直，减少绕道走向，原则上不埋入地面或从木地板下通过，更不能破坏初凝地面及墙体根部的防水层。给水管道通过房或者厅至阳台，必须在可操作处安装截止阀以便切断。

图 1-26 防结露处理、过桥连接

图 1-27 过桥连接

管路在狭窄位置交叉时要使用过桥弯管，不许直接搭借通过（图 1-26、图 1-27）。

3）淋浴盆上的混合龙头的左右位置正确，且装在浴盆中间（先确定浴缸尺寸），高度为浴缸上中 150 ~ 200mm，按摩浴缸根据型号进行出水口预留。

4）坐便器的进水出口尽量安置在能被坐便器挡住视线的地方。

5）立柱盆的冷、热水龙头离地高度为 500 ~ 550mm，下水道一定要装在立柱内。

6）安装浴缸前应检查防水是否完整，如无防水或防水被破坏，防水应重做。

7）安装热水器进出时，进水的阀门和进气的阀门一定要考虑并应安装在相应的位置。

8）设计水管时应考虑洗衣机的用水龙头安装位置，下水的布置。同时注意电源插座的位置是否合适。

9）给水管道的走向、布局要合理。

10）如需安装水表，水表位置应方便读数，水表、阀门离墙面的距离要适当，要方便使用和维修。

11）墙面上给水预留口（弯头）的高度要适当，既要方便维修，又要尽可能少让软管暴露在外，并且不另加接软管，给人以简洁、美观的视觉。对下方没有柜子的立柱盆一类的洁具，预留口高度，一般应设在地面上 600mm 左右。立柱盆下水口应设置在立柱底部中心或立柱背后，尽可能用立柱遮挡。壁挂式洗脸盆（无立柱、无柜子）的排水管一定要采用从墙面引出弯头的横排方式设置下水管（即下水管入墙）。

1.2.4 常见工程质量问题及防治方法

水路管道的施工工艺不到位，违规等情况，看似小如沙粒，实则祸患无穷。下面为大家介绍水路管道施工中常见的问题。

1. 水路管道有接头（图 1-28）

图 1-28 接头过多

管道看上去都很正常，其实存在很大问题。这是卫生间增改水路中增加了很多接头，势必为日后漏水留下隐患。

防治方法：根据规定，水路管道布置时应注意：

（1）埋在墙体内的管道尽可能少用或不用接头；

（2）所开管道槽必须经弧线平整后作防水处理；

（3）固定点应使用专用管卡。

2. PPR 管与顶面未固定（图 1-29）

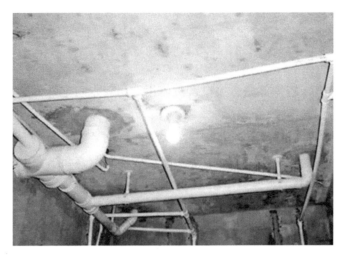

图 1-29　PPR 管与顶面未固定，且离灯泡距离过近

防治方法：PPR 管在顶面上必须固定，按规定，应每相隔 50cm 固定一个点。其次，与灯泡过近，该管有被烤化的危险。另外，施工前应确保楼上住户卫生间的闭水验收合格。

3. 热水管不能与电线管紧连

水与电是绝对不相容的，因此水道与电路绝不容许同时都敷在地面上如果万一出现问题将会是极端危险的（图 1-30、图 1-31）。

图 1-30　水路及电路安装原则

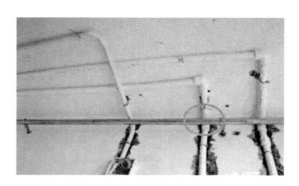

图 1-31　水路和电路交叉安装不规范

　　除了水路布线埋入墙体部分有接口，没使用专用管卡固定外，热水管和电线管紧连在一起，容易变形引起短路。

　　防治方法：正常使用时，电线管道与热水管都有热量释放，因此两种管道间应保持一定间隔，以免管道受热变形，从而引起短路。两种管距离必须大于150mm。

　　4.管道铺设时没有横平竖直（图1-32、图1-33）

图 1-32　水管被后期施工破坏

图 1-33　管道安装未做到横平竖直

因为水管道铺设不规范，没做到横平竖直，结果后续工人操作时不小心把水管打漏了。

防治方法：水管道铺设必须做到横平竖直，让后续工人在施工时能掌握管道的走向，避免打穿。此外，施工前必须先检查地面有无"线内严禁打眼"等标识线，以免将地下的管线打破。另外，施工时要注意管内保持有水，一旦打破能及时发现问题；如果竣工时打开总阀才发现管道被打漏，造成的损失会更大。

5．安装后须打压测试

图 1-34　试水后的渗漏点

试水打压测试后，主卫堵头渗漏，发生漏水现象（图 1-34）。

防治方法：根据规定，水路管道铺设好之后，必须经过打压测试，测试通过不漏水后才能正常使用。打 8 ~ 12kg 的气压，气压至少保持半个小时以上才算合格。

【评价】

通过实训操作进行考核评价，按时间、质量、安全、文明、环保要求进行考核。首先学生按照表 1-4 项目考核评分，先自评，在自评的基础上，由本组的同学互评，最后由教师进行总结评分。

项目综合实训考核评价表　　　　　　　　　　表 1-4

姓名：　　　　　　　　　　　　　　　　　　　　　　　　　　　　　　总分：

序号	考核项目	考核内容及要求	评分标准	配分	学生自评	学生互评	教师考评	得分
1	时间要求	270 分钟	不按时无分	10				
		组织材料	不能正确认识各种相关材料扣 10 分	10				
2	质量要求	管道安装	1. 不能正确使用工具扣 25 分 2. 管件间的结合不规范扣 25 分	50				
		试压	1. 不能正确使用工具扣 5 分 2. 出现漏压、漏水扣 25 分	30				

续表

序号	考核项目	考核内容及要求	评分标准	配分	学生自评	学生互评	教师考评	得分
3	安全要求	遵守安全操作规程	不遵守酌情扣 1-5 分					
4	文明要求	遵守文明生产规则	不遵守酌情扣 1-5 分					
5	环保要求	遵守环保生产规则	不遵守酌情扣 1-5 分					

注：如出现重大安全、文明、环保事故，本项目考核记为零分。

【能力拓展】

室内 PVC-U 排水管道安装

本工程采用 PVC-U 塑料管粘接，立管采用螺旋消音管。

1. 施工准备

（1）材料要求：

1）管材为硬质聚氯乙烯（PVC）。所用粘接剂应是同一厂家配套产品，应与卫生洁具连接相适宜，并有产品合格证及说明书（图 1-35）。

图 1-35　PVC 管

2）管材内外表层应光滑，无气泡、裂纹，管壁薄厚均匀，色泽一致。直管段挠度不大于 1%。管件造型应规矩、光滑，无毛刺。承口应有梢度，并与插口配套。

3）其他材料：粘接剂、型钢、圆钢、卡件、螺栓、螺母、肥皂等。

（2）主要机具：

手电钻、冲击钻、手锯、铣口器、钢刮扳、活扳手、手锤、水平尺、套丝扳、毛刷、棉布、线坠等。

（3）作业条件：

1）埋设管道，应凿好槽沟，槽沟要平直，必须有坡度，沟底夯实。

2）暗装管道（包括设备层、竖井、吊顶内的管道）首先应核对各种管道的标高、坐标的排列有无矛盾。预留孔洞、预埋件已配合完成。土建模板已拆除，操作场地清理干净，安装高度超过 3.5m 应搭好架子。

3）室内明装管道要与结构进度相隔两层的条件下进行安装。室内地平线应弹好，初装修抹灰工程已完成。安装场地无障碍物。

（4）操作工艺

工艺流程：

安装准备→预制加工→干管安装→立管安装→支管安装→卡件固定→闭水试验→通水试验

1）预制加工：根据图纸要求并结合实际情况，按预留口位置测量尺寸，绘制加工草图。根据草图量好管道尺寸，进行断管。断口要平齐，用铣刀或刮刀除掉断口内外飞刺，外棱铣出 15°角。粘接前应对承插口先插入试验，不得全部插入，一般为承口的 3/4 深度。试插合格后，用棉布将承插口需粘接部位的水分、灰尘擦拭干净。如有油污需用丙酮除掉。用毛刷涂抹粘接剂，先涂抹承口后涂抹插口，随即用力垂直插入，插入粘接时将插口稍作转动，以利粘接剂分布均匀，约 30s 至 1min 即可粘接牢固。粘牢后立即将溢出的粘接剂擦拭干净。多口粘连时应注意预留口方向。

2）干管安装：首先根据设计图纸要求的坐标、标高预留槽洞或预埋套管。埋入地下时，按设计坐标、标高、坡向、坡度开挖槽沟并夯实。采用托吊管安装时应按设计坐标、标高、坡向做好托、吊架。施工条件具备时，将预制加工好的管段，按编号运至安装部位进行安装。各管段粘连时也必须按粘接工艺依次进行。全部粘连后，管道要直，坡度均匀，各预留口位置准确。安装立管需装伸缩节，伸缩节上沿距地坪或蹲便台 70 ~ 100mm。干管安装完后应做闭水试验，出口用充气橡胶堵封闭，达到不渗漏，水位不下降为合格。地下埋设管道应先用细砂回填至管上皮 100mm，上覆过筛土，夯实时勿碰损管道。托吊管粘牢后再按水流方向找坡度。最后将预留口封严和堵洞。

3）立管安装：首先按设计坐标要求，将洞口预留或后剔，洞口尺寸不得过大，更不可损伤受力钢筋。安装前清理场地，根据需要支搭操作平台。将已预制好的立管运到安装部位。首先清理已预留的伸缩节，将锁母拧下，取出 U 形橡胶圈，清理杂物。复查上层洞口是否合适。立管插入端应先划好插入长度标记，然后涂上肥皂液，套上锁母及 U 形橡胶圈。安装时先将立管上端伸入上一层洞口内，垂直用力插入至标记为止（一般预留胀缩量为 20 ~ 30mm）。合适后即用自制 U 形钢制抱卡紧固于伸缩节上沿。然后找正找直，并测量顶板距三通口中心是否符合要求。无误后即可堵洞，并将上层预留伸缩节封严。

4）支管安装：首先剔出吊卡孔洞或复查预埋件是否合适。清理场地，按需要支搭操作平台。将预制好的支管按编号运至现场。清除各粘接部位的污物及水分。将支管水平初步吊起，徐抹粘接剂，用力推入预留管口。根据管段长度调整好坡度。合适后固定卡架，封闭各预留管口和堵洞。

5）器具连接管安装：核查建筑物地面、墙面做法、厚度。找出预留口坐标、标高。然后按准确尺寸修整预留洞口。分部位实测尺寸做记录，并预制加工、编号。安装粘接时，必须将预留管口清理干净，再进行粘接。粘牢后找正、找直，封闭管口和堵洞。打开下一层立管扫除口，用充气橡胶堵封闭上部，进行闭水试验。合格后，撤去橡胶堵，封好扫除口。

【知识链接】下水施工注意事项

1）排水管道安装后，按规定要求必须进行通水通球试验。且应在油漆粉刷最后一道工序前进行。

2）地下埋设管道及出屋顶透气立管如不采用硬质聚氯乙烯排水管件而采用下水铸铁管件时，可采用水泥捻口。为防止渗漏，塑料管插接处用粗砂纸将塑料管横向打磨粗糙。

3）粘接剂易挥发，使用后应随时封盖。冬期施工进行粘接时，凝固时间为2～3min。粘接场所应通风良好，远离明火。

【课后讨论】

1. 请简要说明给水系统的施工程序？
2. 如何进行试压及试压标准是什么？

项目 2
装饰装修泥水工程

【项目概述】

建筑装饰泥水工程是属于装修工程中的饰面或结构构造工程，主要包括以下几个方面：按设计的要求进行的结构改造（没有要求则不改）、抹灰工程、做防水、地面找平、铺贴瓷砖。

【学习目标】

知识目标：通过本课程的学习，掌握建筑装饰泥水工程的施工工艺、操作程序、质量标准及要求；掌握室内装饰泥水工程施工材料品种、规格及特点；能熟练识读施工图纸。

能力目标：通过本课程的学习，能根据泥水工程的施工工艺、施工要点质量通病防范等知识编制具体的施工技术方案并组织施工；能够按照装饰装修泥水工程质量验收标准，进行工程的质量检验；能够进行技术资料管理，整理相关的技术资料；能够处理现场出现的问题，提高解决问题的能力；能正确选用、操作和维护常用施工机具，正确使用常用测量仪器与工具。

素质目标：通过本课程的学习，培养具有严谨的工作作风和敬业爱岗的工作态度，自觉遵守安全文明施工的职业道德和行业规范；具备能自主学习、独立分析问题、解决问题的能力；具有较强的与客户交流沟通的能力、良好的语言表达能力。

任务1 建筑装饰抹灰工程

【任务描述】

抹灰工程是根据设计或施工需要把水泥砂浆涂抹在房屋建筑的墙、顶棚等表面上的一种传统饰面做法的工程。是最为直接也是最为初始的装饰基础工程。

【学习支持】

装饰抹灰工程施工应遵循以下施工规范：

《建筑工程施工质量验收统一标准》GB50300-2013

《建筑装饰装修工程施工质量验收规范》GB50210-2011

《建筑安装分项工程施工工艺规程》BDJ01-26-2003 等。

《室内装饰装修材料溶剂型木器涂料中有害物质限量》GB18581-2009

《建筑内部装修设计防火规范》GB50222-95

《住宅装饰装修工程施工规范》GB50327-2002

【知识链接】抹灰工程基础知识

1.抹灰工程的作用

（1）满足使用功能保护建筑主体

抹灰工程通常是装饰工程的基层处理，通过抹灰，能够保护墙体和楼地面，满足保温、防潮、隔热、隔声、防止风化等要求，从而提高建筑物的使用年限

（2）满足装饰美观的要求

建筑物或构筑物的表面经过抹灰后平整光洁，美化了环境，有一定的装饰作用

2.抹灰工程的组成与分类

（1）组成

抹灰工程施工是分层进行的，以利于抹灰牢固、抹面平整和保证质量，抹灰的基本构造层次一般分为三层，即底层、中层和面层。

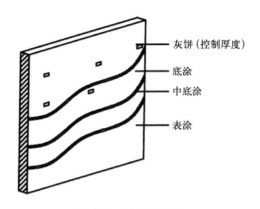

图 2-1　抹灰层构造

（2）组成与分类

按施工工艺不同，抹灰工程分为一般抹灰和装饰抹灰

一般抹灰是指在建筑墙面（包括混凝土、砖砌体、加气混凝土砌块等墙体立面）、顶面涂抹石灰砂浆、水泥砂浆、水泥混合砂浆、聚合物水泥砂浆和麻刀石灰、纸筋石灰、石膏灰等。

一般抹灰按施工方法不同分为普通抹灰和高级抹灰两个等级。抹灰等级应由设计单位按照国家有关规定，根据技术、经济条件和装饰美观的需要来确定，并在施工图中注明。当设计无要求时，按普通抹灰施工。

装饰抹灰是指在建筑墙面涂抹水刷石、斩假石、干粘石、假面砖等。

一般抹灰砂浆的参考配合比（表 2-1）。

表 2-1

砂浆组成材料	配合比（体积比）	应用范围
石灰：砂	1:2 ～ 1:3	砖石墙（檐口、勒脚、女儿墙及潮湿房间的墙除外）面层
水泥：石灰：砂	1:0.3:3 ～ 1:1:6	墙面水泥混合砂浆打底
水泥：石灰：砂	1:0.5:1 ～ 1:1:4	混凝土顶棚抹水泥混合砂浆打底
水泥：石灰：砂	1:0.5:4 ～ 1:3:9	板条顶棚水泥混合砂浆抹灰
水泥：石灰：砂	1:0.5:4.5 ～ 1:1:6	檐口、勒脚、女儿墙外角及比较潮湿处
水泥：砂	1:3 ～ 1:2.5	潮湿房间墙裙或地面基层
水泥：砂	1:2 ～ 1:2.5	地面、顶棚或墙面面层
水泥：砂	1:0.5 ～ 1:1	混凝土地面随抹随压光
水泥：石膏：砂：锯末	1:1:3:5	吸声墙面抹灰

【提醒】

施工中应注意遵照规范要求制定合理的施工程序及安全措施。只有严格的按照操作规程精心施工，才能保证工程进度和质量。

1. 施工中注意各层抹灰的时间掌握，不能过早也不能过迟。

2. 各种砂浆的水灰比。

3. 养成文明施工的良好习惯，对施工现场应及时清扫整理，做到工完场清。

【学习支持】

由于室内装饰工程中的抹灰工程常常是进行普通抹灰工程施工，本节主要介绍普通抹灰工程施工工艺。

2.1.1　施工准备与前期工作

1. 作业条件

1）抹灰部位的主体结构分部工程均经过有关单位（如建设、设计、监理、施工单位等共同验收并签认）。门窗框及需要预埋的管线已安装完毕，并经检查验收合格；

2）水电预埋管线、配电箱外壳等安装是否正确，水暖管道是否做过压力试验；

3）抹灰用的脚手架应先搭好，架子要离开墙面200～250mm，搭好脚手板，防止落灰在地面，造成浪费；

4）将混凝土墙等表面凸出部分凿平，对蜂窝、麻面、露筋、疏松部分等凿到实处，用1：2.5水泥砂浆分层补平，把外露钢筋头和铅丝头等清除掉；

5）其他相关设施是否安装和保护；

6）对于砖墙，应在抹灰前一天浇水湿透。对于陶粒混凝土砌块墙面，因其吸水速度较慢，应提前两天进行浇水，每天宜两遍以上。

2. 材料要求

1）水泥：抹灰用的水泥应为强度等级不小于32.5MPa的普通硅酸盐水泥、矿渣硅酸盐水泥以及白水泥、彩色硅酸盐水泥。白水泥和彩色水泥主要用于装饰抹灰。不同品种、不同强度等级的水泥不得混用。

2）砂子：砂子宜选用中砂，砂子使用前应过筛（不大于5mm的筛孔），不得含有杂质。细砂也可以使用，但特细砂不宜使用。

3. 施工机具

砂浆搅拌机、纸筋灰搅拌机、磅秤、孔径5mm筛子、窄手推车、铁板、铁锹、平锹、大桶、灰槽、胶皮管、水勺、灰勺、小水桶、喷壶、托灰板、木抹子、铁抹子、阴（阳）角抹子、塑料抹子、大杠、中杠、2m靠尺板、托线板、方尺、水平尺、钢丝刷、长毛刷、鸡腿刷、笤帚、粉线包、小白线、錾子、锤子、钳子、钉子、钢筋卡子、线坠、胶鞋、工具袋等。

【任务实施】

2.1.2　施工操作程序与操作要点

1. 工艺流程

基层处理→吊直、套方、找规矩、贴灰饼→墙面冲筋（设置标筋）→做护角→抹底灰→抹中层灰→抹水泥砂浆罩面灰→抹墙面罩面灰→养护

2. 操作工艺

（1）基层处理：抹灰施工的基层主要有砖墙面、混凝土面、轻质隔墙材料面、板条面等。在抹灰前应对不同的基层作适当的处理以保证抹灰层与基层粘接牢固。

【知识链接】 各种基层处理方法

1）砖墙基层抹灰砖墙面由于手工砌筑，一般平整度较差且灰缝中砂的饱和度不一样，也造成了墙面凹凸不平。所以在做抹灰前，要重点清理基层浮灰、砂浆等杂物，然后浇水湿润墙面。

这种传统的施工方法必须用清水润湿墙体基面，即费工、费水又容易造成污染，同时也不利于文明施工，目前也采用直接刮涂聚合物胶浆处理基层的施工方法，无需用水润湿基面。

2）混凝土墙基层抹灰混凝土墙体表面比较光滑，平整度也比较高，甚至还带有剩余的脱膜油这会对抹灰层与基层的粘接带来一定的影响，所以在饰面前应对墙体进行特殊的处理。可酌情选用下述三种方法之一：一是将混凝土表面凿毛后用水湿润，刷一道聚合物水泥砂浆；二是将 1:1 水泥细砂浆喷或甩到混凝土基体表面作毛化处理（甩浆）；三是采用界面处理剂处理基体表面。

3）加气混凝土基层抹灰轻质混凝土墙体表面密度小，孔隙大，吸水性强，所以在抹灰时砂浆很容易失水导致无法与墙面有效黏结。处理方法是用聚合物水泥浆进行封闭处理，再进行抹底层灰。也可以在加气混凝土墙满钉镀锌钢丝网并绷紧，然后进行底层抹灰，效果比较好，整体刚度也大大增强。

4）纸面石膏板或其他轻质隔墙材料基体内墙，应将扳缝按具体产品及设计要求做好嵌填密实处理，并在表面用接缝带（穿孔纸带或玻璃纤维网格布等防裂带）粘覆补强处理，使之形成稳固的墙面整体。

（2）找规矩、做灰饼。用一面墙做基准先用方尺规方，如房间面积较大，在地面上：先弹出十字中心线，再按墙面基层的平整度在地面弹出墙角线，随后在距墙阴角

100mm 处吊垂线并弹出垂直线，再按地上弹出的墙角线往墙上翻引，弹出阴角两面墙上的墙面抹灰层厚度控制线（厚度包括中层抹灰），以此确定标准灰饼厚度。

做灰饼方法是：在墙面距地 1.5m 左右的高度，距墙面两边阴角 100 ~ 200mm 处，用 1：3 水泥砂浆或 1：3：9 水泥石灰砂浆，各做一个 50mm×50mm 的灰饼，再用托线板或线锤以此饼面挂垂直线，在墙面的上下各补做两个灰饼，灰饼离顶棚及地面距离 150 ~ 200mm 左右，再用钉子钉在左右灰饼两头接缝里，用小线拴在钉子上拉横线，沿线每隔 1.2 ~ 1.5m 补做灰饼。

（3）抹标筋（冲筋）。在灰饼间抹上砂浆带，厚度与宽度与灰饼相同，起控制抹灰层平整度和垂直度的作用，上下水平冲筋中心应在同一垂直面内。阴阳角的水平冲筋应连起来并应互相垂直。标筋应抹成八字形（底宽面窄）

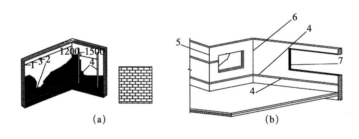

图 2-2　做灰饼和标筋（单位：mm）

(a) 竖向标筋；(b) 横向标筋

1—钉子；2—挂线；3—灰饼；4—标筋；5—墙阳角；6—墙阴角；7—窗框

（4）做护角。必须在抹大面前做，护角做在室内的门窗洞门及墙面、柱子的阳角处，护角高度＞2m。每侧宽度不小于 5cm，应用 1：2 水泥砂浆抹护角，采用的工具有阴、阳抹子或采用阳角尺、阴角尺搓动，使阴、阳角线顺直。

（5）抹窗台、踢脚板（或墙裙）应分层抹灰，窗台用 1：3 水泥砂浆打底，表面划毛养护 1d 刷素水泥浆一道，抹 1：2.5 水泥砂浆罩面灰，原浆压光。踢脚板应控制好水平，垂直和厚度（比大面突出 3 ~ 5mm），上口切齐，压实抹光。

（6）抹底层灰。待标筋有了一定强度后（刮尺操作不致损坏），即可进行水泥砂浆或混合砂浆的抹灰，先洒水湿润墙面，然后在两筋之间用力抹上底灰，厚度一般控制在 10 ~ 15mm 左右，可用托灰板盛砂浆，通常应从上而下进行，在两标筋之间抹满后，即用刮尺从下而上进行刮灰，使底层灰刮平刮实并与标筋面相平，操作中用木抹子配合去高补低，压实搓毛，底灰要略低于标筋。浇水养护一段时间。

（7）抹中层灰。待底灰干至 6 ~ 7 成后（用手指按压有指印但不软），即可抹中灰。操作时一般按自上而下、从左向右的顺序进行。先在底层灰上洒水，待收水后在标筋之间抹满砂浆，抹灰厚度稍高于标筋，再用刮尺按标筋刮平，紧接用木抹子搓压，去高补低，使表面平整密实。搓平后用 2m 靠尺检查，超过质量标准允许偏差时应修整合格。

（8）抹面层灰。待中灰干至 6～7 成后，即可抹面灰。如中灰过干应浇水湿润，常见的罩面抹灰有以下几种：

1）石灰砂浆罩面、混合砂浆罩面。石灰砂浆先在墙面上用钢抹子抹砂浆，再用刮尺由下向上刮平，然后用木抹子搓平，再用钢抹子进行压光成活。混合砂浆在刮尺刮平后，用木抹子搓平，再用钢抹子抹平。

2）纸筋、麻刀灰。一般抹在石灰砂浆或混合砂浆面上，先用钢抹子将灰浆均匀刮浆于墙面上，然后再赶平、压实，待稍平后，用钢抹子将面层压实、压光。施工时通常两人合作，一人抹灰，一人赶平、压光。罩面抹灰厚度约 2mm。

3）刮大白腻子。现在也出现了在内墙面层不抹罩面灰，而是采用刮大白腻子的做法。这种方法操作简单，节约用工。刮大白腻子一般是在中层砂浆干透后，表面坚硬呈灰白色，且无水渍及潮湿痕迹，用铲刀刻画时显白印即可进行。面层刮大白腻子一般不少于两遍，总厚度 1mm 左右。操作时使用钢片或胶皮刮板，每遍按同一方向往返刮。头道腻子刮后，在基层已修补过的地方应进行找平，待腻子干后，用 0 号砂纸打磨平整，可用灯光斜照进行打磨和修补凹陷处。

（9）清理。抹灰完毕，要将粘在门窗框、墙面上的灰浆及落地灰及时清除，打扫干净。

【学习支持】

2.1.3 施工质量控制要求

1. 主控项目

（1）抹灰前基层表面的尘土、污垢、油渍等应清除干净，并应洒水润湿。

（2）一般抹灰所用材料的品种和性能应符合设计要求，水泥的凝结时间和安定性复验应合格。砂浆的配合比应符合设计要求。

（3）抹灰工程应分层进行，当抹灰总厚度大于或等于 35mm 时，应采取加强措施。不同材料基体交接处表面的抹灰，应采取防止开裂的加强措施，当采用加强网时，加强网与各基体的搭接宽度不应小于 100mm。

（4）抹灰层与基层之间及各抹灰层之间必须粘结牢固，抹灰层应无脱层、空鼓，面层应无爆灰和裂缝。

2. 一般项目

一般抹灰工程的表面质量应符合下列规定：

（1）抹灰表面应光滑、洁净、颜色均匀、无抹匀，分格缝和灰线应清晰美观。

（2）护角、孔洞、槽、盒周围的抹灰表面应整齐、光滑；管道后面的抹灰表面应平整。

（3）抹灰层的总厚度应符合设计要求；水泥砂浆不得抹在石灰砂浆层上；罩面石膏灰不得抹在水泥砂浆上。

（4）抹灰分格缝的设置应符合设计要求，宽度和深度应均匀，表面应光滑，棱角应整齐。

（5）有排水要求的部位应做滴水线（槽），滴水线（槽）应整齐顺直，滴水线应内高外低，滴水槽的宽度和深度均不应小于10mm。

【知识链接】一般抹灰的允许偏差（表2-2）

表2-2

项目	普通抹灰	高级抹灰	检验方法
表面平整	4	2	2m靠尺和塞尺检查
阴阳角垂直	4	2	直角检测尺检查
立面垂直	4	2	2m垂直检测尺检查
分格条（缝）平直度	4	2	拉5m线，不足5m拉通线，用钢直尺检查
勒脚上口平直度	4	1	拉5m线，不足5m拉通线，用钢直尺检查

图2-3 检测平整度

【知识链接】抹灰工程注意事项

1.基层处理注意事项

1）清除基层表面灰尘、污垢、油渍、碱膜等；

2）管道穿越的墙洞和楼板洞、剔凿的管槽、线槽用1:3的水泥砂浆填嵌密实；

3）表面凹凸明显的地方、要凿平或补平。对光滑平整的混凝土表面可进行凿毛或划毛处理，刷界面处理剂；

4）门窗周边的缝隙用水泥砂浆嵌塞密实；

5）不同材料基体交接处应采取加强措施，如铺钉金属网等；

6）浇水润湿。

2. 阴阳角抹灰

抹灰前，用阴阳角方尺检查阴阳角的直角度，并检查垂直度，然后定抹灰厚度，浇水湿润。

阴阳角处抹灰分别用阴角抹子和阳角抹子进行操作，先抹底层灰，使其基本达到直角，再抹中层灰，使阴阳角方正。

阴阳角找方应与墙面抹灰同时进行。

3. 顶棚抹灰

顶棚抹灰可不做灰饼和标筋，只需在四周墙上弹出抹灰层的标高线（一般从500mm 线向上控制）。顶棚抹灰的顺序宜从房间向门口进行。

抹底层灰前，应清扫干净楼板底的浮灰，砂浆残渣清洗掉油污以及模板隔离剂，并浇水湿润。为使抹灰层和基层粘接牢固，可刷水泥胶浆一道。

抹底层灰时抹压方向应与楼板纹路或扳缝相垂直，应用力将砂浆挤入扳缝或网眼内。

抹中层灰时，抹压方向应与底层灰抹压方向垂直，抹灰应平整

由于各种因素的影响，混凝土（包括预制混凝土）顶棚基体抹灰层容易脱落，严重危及人身安全，所以也可以不在混凝土顶棚基体表面抹灰，直接用腻子找平。

4. 墙面抹灰的一般要求（图 2-4）

（1）根据装饰特点、使用性质、抹灰等级，选择不同的抹灰砂浆。对于外墙抹灰由于直接接触外界，应重点考虑其耐气候性。

（2）砂浆要按规定选择配合比。新拌和的砂浆必须具有良好的和易性和黏结力，以保证抹灰层的强度。

（3）砂浆必须搅拌均匀，一次搅拌量不宜过多，要随用随拌。

（4）按操作规程施工，抹灰表面要平整，抹灰层每次厚度不应超过 15mm。

图 2-4　底层抹灰

2.1.4 常见工程质量问题及防治方法

应注意的质量问题

1. 粘结不牢、空鼓、裂缝

加气混凝土墙面抹灰，最常见通病之一就是灰层与基体之间粘结不牢、空鼓、裂缝。主要原因是基层清扫不干净，用水冲刷，湿润不够，不刮素水泥浆。由于砂浆在强度增长、硬化过程，自身产生不均匀的收缩应力，形成干缩裂缝。改进措施，可采用喷洒防裂剂或涂刷掺107胶的素水泥浆，增加粘结作用，减少砂浆的收缩应力，提高砂浆早期抗拉强度，改进抹灰基层处理及砂浆配合比是解决加气混凝土墙面抹面空鼓、裂缝的关键。同时砂浆表面抗拉强度的提高，足以抗拒砂浆表面的收缩应力，待砂浆强度增长以后，就足以承受收缩应力的影响，从而阻止空鼓、干缩、裂缝的出现。

2. 抹灰层过厚

抹灰层的厚度大大超过规定，尤其是一次成活，将抹灰层坠裂。抹灰层的厚度应通过冲筋进行控制，保持15～20mm为宜。操作时应分层、间歇抹灰，每遍厚度宜为7～8mm，应在第一遍灰终凝后再抹第二遍，切忌一遍成活。

3. 门窗框边缝不塞灰或塞灰不实

预埋木砖间距大，木砖松动，反复开关振动，在窗框两侧产生空鼓、裂缝；应把门窗塞缝当作一个工序由专人负责，木砖必须预埋在混凝土砌块内，随着墙体砌筑按规定间距摆放。

【评价】

通过实训操作进行考核评价，按时间、质量、安全、文明、环保要求进行考核。首先学生按照表2-3项目考核评分，先自评，在自评的基础上，由本组的同学互评，最后由教师进行总结评分。

项目综合实训考核评价表 表2-3

姓名：　　　　　　　　　　　　　　　　　　　　　　　　　　　　　　　　　　　　　　总分：

序号	考核项目	考核内容及要求	评分标准	配分	学生自评	学生互评	教师考评	得分
1	时间要求	270分钟	不按时无分	10				
2	质量要求	检查	1. 未按程序查验扣5分 2. 技术准备不充分，扣5分	10				
		基层处理、吊直、套方、找规矩、贴灰饼	1. 不能正确使用工具，扣5分 2. 对基面的处理不符合规范，扣2分/处 3. 未按施工程序施工，扣5分	30				
		抹灰操作	1. 抹灰技术操作不规范扣5分 2. 各抹灰层施工时间掌握不当扣5分/处 3. 发现质量事故扣20分	20				

续表

序号	考核项目	考核内容及要求	评分标准	配分	学生自评	学生互评	教师考评	得分
2	质量要求	阴阳角及抹灰层平直、方正度	1. 处理方法错误扣 10 分 2. 处理后问题未排除扣 30 分	30				
3	安全要求	遵守安全操作规程	不遵守酌情扣 1～5 分					
4	文明要求	遵守文明生产规则	不遵守酌情扣 1～5 分					
5	环保要求	遵守环保生产规则	不遵守酌情扣 1～5 分					

注：如出现重大安全、文明、环保事故，本项目考核记为零分。

任务 2　建筑装饰防水涂刷施工

【任务描述】

防水涂刷是首先对涂刷防水材料基层（卫生间和厨房、阳台等地面、墙角及墙面）进行处理，对墙角或管道周围做增强或增补涂布，然后进行防水材料的涂刷，最后进行闭水试验。达到防止水的渗透的目的。工程准确地称为："防水处理工程"。

【学习支持】

防水涂刷施工应遵循以下施工规范：
《建筑工程施工质量验收统一标准》GB50300-2013
《建筑装饰装修工程施工质量验收规范》GB50210-2011
《民用建筑工程室内环境污染控制规范》GB50325-2010
《建筑工程项目管理规范》GB/T50326-2006
《高级建筑装饰工程质量检验评定标准》BDJ01-27-2003
《住宅装饰装修工程施工规范》GB50327-2002

【知识链接】

学习防水工程施工首先应对建筑防水材料有一定了解。
建筑防水材料是指形成的涂膜能够防止雨水或地下水渗透的一类材料。我们日常用的防水材料有四大种类：防水卷材、防水涂料、刚性防水材料、建筑密封材料。
适用的范围：
防水卷材一般用于地下室基础防水、屋面防水；

防水涂料一般用于厨房、卫生间楼地面的防水，但当用于地下室、屋面防水时应要配合防水卷材使用；

刚性防水材料则一般用于蓄水种类屋面、水池内外防水、外墙面的防水和动静水压较大的混凝土地下室；

建筑密封材料则一般用于接缝，或配合卷材防水层做收头处理。

它们各自也有各自不同的性能特点。防水卷材具有良好的耐老化、耐穿刺、耐腐蚀性能。可直接接触紫外线辐射，耐高温、低温性能良好，因此被广泛应用于屋面防水；另外还因为它抗拉抗撕能力强，各种上人屋面一般优先采用它。防水涂料则不耐老化，抗拉抗撕强度都无法与防水卷材相比，但由于防水涂料在施工固化前为无定形液体，对于任何形状复杂、管道纵横和变截面的基层均易于施工，特别是阴、阳角、管道根、水落口及防水层收头部位易于处理，可形成一层具有柔韧性、无接缝的整体涂膜防水层，被广泛应用于厨房、卫生间及立墙面的防水。密封材料一般不大面积使用，利用其便于嵌缝处理的优点，配合防水卷材和涂料做节点部位的处理。刚性防水材料则一般配合柔性防水材料使用，达到刚柔相济的效果，实现优势互补。刚柔并用的做法在建筑防水工程中也占有较大比重。

四大类防水材料中又细分为很多品种，哪种材料更适合则根据作业对象及环境进行更细致的考虑。

室内装饰防水施工通常是采用防水涂料涂刷。

防水涂料是在常温下呈无固定形状的黏稠液态合成材料，经涂布后，通过溶剂的挥发或水分的蒸发或反应固化后在基层面上形成坚韧的防水膜的材料的总称。

目前防水涂料一般按涂料的类型和按涂料的成膜物质的主要成分进行分类。

根据涂料的液态类型，可把防水涂料分为溶剂型、水乳型、反应型三种。

1）溶剂型防水涂料特点：通过溶剂挥发而结膜；涂料干燥快，结膜较薄而致密；涂料贮存稳定性较好；易燃、易爆、有毒，贮存及使用时要注意安全；由于溶剂挥发快，施工时对环境有污染。

2）水乳型防水涂料特性：通过水分蒸发而结膜；涂料干燥较慢，一次成膜的致密性较溶剂型涂料低，一般不宜在5℃以下施工；贮存期一般不超过半年；可在稍为潮湿的基层上施工；无毒，不燃，贮运、使用比较安全；操作简便，不污染环境。

3）反应型防水涂料多以双组分或单组分构成涂料，几乎不含溶剂。使用时通过化学反应结膜，可一次性结成较厚的涂膜，无收缩，涂膜致密；双组分涂料需搅拌均匀。

防水涂料的基本特点如下：

1）防水涂料在常温下呈黏稠状液体，经涂布固化后，能形成无接缝的防水涂膜。

2）防水涂料特别适宜在立面、阴阳角、穿结构层管道、凸起物、狭窄场所等细部构造处进行防水施工，固化后，能在这些复杂部件表面形成完整的防水膜。

3）防水涂料施工属于冷作业，操作简便。

4）固化后形成的涂膜防水层自重轻、对于轻型薄壳等异型屋面大都采用防水涂料进行施工。

5）涂膜防水是具有良好的耐水、耐酸碱特性和优异的延伸性能，能适应基层局部变形的需要。

6）涂膜防水层的拉伸强度可以通过加贴胎体增强材料来得到加强，对于基层裂缝、结构缝、管道根部等一些容易造成渗漏的部位，极易进行增强、补强、维修等处理。

7）防水涂膜一般依靠人工涂布，其厚度很难做到均匀一致，所以施工时要严格按照操作方法进行重复多遍地涂刷，以保证单位面积内的最低使用量，确保涂膜防水层的施工质量。

【知识链接】常见的建筑防水产品

1）沥青类

20 世纪 60 年代开始使用的防水产品。环保性差，与基层的附着力不良，低温易开裂，耐久性不好，一般只用于大面积平面工程。属第一代产品。

2）聚氨酯类

20 世纪 80 年代开始使用的防水产品。含有溶剂，不环保。尤其是所含的 TDI 毒性很大，严重影响施工人员健康及周边环境。抗老化性差，与水泥基体、瓷砖层间易剥落，通常使用于工程。属二代产品。

3）高分子聚合物类

21 世纪开始大量应用的新型防水产品。克服了一、二代产品的缺陷，具有环保无毒、不透水无渗漏、柔性抗开裂、透气不透水、耐温耐老化、黏附性极好等优点，特别适合家居使用。属第三代新型防水材料。

第三代聚合物有机、无机复合型防水材料。具有渗透性与致密性双重防水功效，能自动愈合细微裂缝，堵塞渗漏隐患，形成致密高强的永久防水层。

【学习提示】

防水涂刷是隐蔽工程中的一项重要工程，其施工质量直接影响整个装饰装修工程的使用，一旦出现质量问题就会有水的渗漏造成麻烦。所以在进行防水涂刷施工时一定要按规范进行。

1）施工前应有完整的施工方案或技术措施；
2）应建立各道工序的检验制度，并有完整的检查记录；
3）工程所用材料要符合国家产品标准和设计要求；
4）施工环境温度要控制在标准要求范围内。

【学习支持】

2.2.1　施工准备与前期工作

1. 作业条件

1）检查验收厨卫间楼地面垫层是否已完成，穿过厨卫间地面及楼面的所有立管、套管是否固定牢固（图 2-5）。

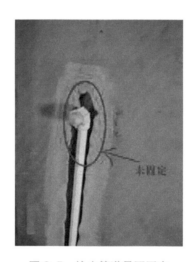

图 2-5　检查管道是否固定

2）检查验收厨卫间楼地面找平层是否完成，标高符不符合要求，表面是否抹平压光、坚实。不得局部积水。

3）检查验收厨卫间基层抹灰是否平整，无空鼓、裂缝、起砂等缺陷，穿过防水层的管道及固定卡具是不是提前安装完毕。

2. 材料的保管与使用

1）按防水工程需要进料，并应妥善贮存。材料应贮存在阴凉干燥处，环境温度不得高于 70℃，并应有防火措施。

2）材料要根据每日需用量开罐使用，最好当天尽快用完。每次开罐倒料后应及时回盖封严。

3）材料应有专门贮存地点，使之不受露水、雨淋、日晒的侵袭，并应远离火源。

4）材料或配料若不能一次用完，应及时盖严密封做短期贮存，并注意尽快用完。

3. 施工机具

1）基面清理工具：锤子、凿子、铲子、钢丝刷、扫帚、抹布等。

2）取料配料工具：台秤、称料桶、拌料桶、搅拌器、剪子等。

3）涂料涂刷工具：滚子（用于较稀的料）、刮板（用于较稠的料）、刷子（用于涂层表面修平或异形部位涂刷)。

施工机具应经常维修保养，使用前应进行检查，保证完好。

【任务实施】

2.2.2 施工操作程序与操作要点

1. 施工工艺及顺序

基层处理→涂刷底层涂料→增强涂布或增补涂布→涂布第一道涂膜防水层→增强涂布或增补涂布→涂布第二道（或面层）涂膜防水层→撒石渣→抹水泥砂浆保护层→做闭水试验。

（1）基层处理及要求

1）涂膜防水的基层应坚实，具有一定强度；清洁干净，表面无浮土、砂粒等污物。

2）基层表面应平整、光滑、无松动，对于残留的砂浆块或突起物应以铲刀削平，不允许有凹凸不平及起砂现象。

3）阴阳角处基层应抹成圆弧形；管道、地漏等细部基层也应抹平压光，但注意管道应高出基层至少 20mm，而排水口或地漏应低于防水基层。

4）基层应干燥，含水率以小于 9% 为宜，可用高频水分测定计测定，也可用厚为 1.5 ~ 2.0mm 的 1m^2 橡胶板材覆盖基层表而，放置 2 ~ 3h，若覆盖的基层表而无水印，且紧贴基层的橡胶板一侧也无凝结水痕，则基层的含水率即不大于 9%。

5）对于不同种基层衔接部位、施工缝处，以及基层因变形可能开裂或已开裂的部位，均应嵌补缝隙，铺贴绝缘胶条补强或用伸缩性很强的硫化橡胶条进行补强，若再增加涂膜的涂布遍数，则补强更佳（图 2-6）。

图 2-6　检查施工缝

（2）涂布底层涂料

涂布底层涂料相当于沥青卷材防水层的涂刷冷底子油工序，目的是隔绝基层潮气。提高涂膜同基层的粘结力。

小面积施工可用油漆刷将配好的底层涂料细致均匀地涂刷在处理好的基层上。

大面积施工应先用油漆刷沾底层涂料，将阴阳角、排水口、预埋件等细部均匀细致地涂布一遍，再用长把滚刷在大面积基层上均匀地涂布底层涂料。

要注意涂布均匀、厚薄一致，且不得漏涂。一般涂布用量以每平方米 0.15 ～ 0.20kg 为宜。涂布后应间隔 24h 以上（具体时间应根据施工温度测定），待底层涂料固化干燥后方可施工下道工序。

（3）增强涂布与增补涂布

在阴阳角、排水口、管道周围、预埋件及设备根部、施工缝或开裂处等需要增强防水层抗渗性的部位，应做增强或增补涂布（图 2-7）。

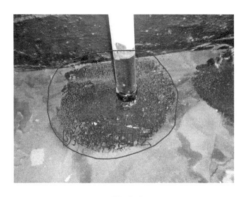

图 2-7　做防水附加层

增强涂布的做法，是在涂布增强涂膜中铺设玻璃纤维布，用板刷涂驱除气泡，将玻璃纤维布紧密地粘贴在基层上，不得出现空鼓或折皱（图 2-8）。

图 2-8　增强涂布

（4）涂布第一道涂膜

在前一层涂料固化干燥后，先检查其上有无残留的气孔或气泡，如无，即可涂布施工；如有，则应用橡胶板刷将混合料用力压入气孔填实补平，然后再进行第一层涂膜施工。

【知识链接】配制聚氨酯涂膜防水材料

按甲组分料：乙组分料 =1∶1.5（重量比）的比例准确称量好甲料和乙料；先将甲料置入搅拌容器内，再随之加入乙料，并立即开动电动搅拌器（转速为 100 ~ 500r/min）搅拌 3 ~ 5min，至充分拌合均匀即可使用。

要注意：称量准确，甲乙料混合偏差不大于 +5%；不得任意改变配比、加大甲料或乙料用量，固化剂用量的多少并不与硬化的快慢成正比，随便增加固化剂用量，会使涂膜的硬度、耐热强度等性能降低。

若甲乙料混合搅拌后黏度大，不易涂布施工，则可加入重量为搅拌液的 10% 的甲苯或二甲苯稀释拌匀。禁止使用一般涂料所用的稀释剂或酮类稀释剂。

应掌握不同施工温度下混合料的适用时间，以配制在此时间内施工所用混合料的一次拌合量，特别是在施工温度较高的情况下，甲、乙料在混合前液温已较高，混合后会较快硬化，应予以注意（图 2-9）。

图 2-9 搅拌涂料

涂布第一道聚氨酯涂膜防水材料，用塑料或橡皮板刷均匀涂刮。力求厚薄一致，厚度约为 1.5mm（即 1.5kg/m²）。涂布顺序应先垂直面、后水平面；先阴阳角及细部、后大面。每层涂抹方向应相互垂直（图 2-10）。

图 2-10 涂布先阴阳角及细部、后大面

平面或坡面施工后，在防水层未固化前不宜上人踩踏，涂抹施工过程中留出施工退路，分区分片用后退法涂刷施工（图 2-11）。

图 2-11　大面涂布涂料

施工温度低或混合料搅拌流动度低的情况下，涂层表面留有板刷或抹子涂后的刷纹，为此应预先在混合搅拌液内适当加入二甲苯稀释，用板刷涂抹后，再用滚刷滚涂均匀，涂膜表面即可平滑。

图 2-12　第一层涂刷完成

（5）涂布第二道涂膜

第一道涂膜固化后，即可在其上均匀涂刮第二道涂膜，方法与第一道相同，但涂刮方向与第一道的涂刮方向相垂直。涂布第二道涂膜与第一道相间隔的时间应以第一道涂膜的固化程度（手感不黏）确定，一般不小于 24h，亦不宜大于 72h.

当 24h 后涂膜仍发黏，而又需涂刷下一道时，先涂一些涂膜防水材料，就不会粘脚，可以上人操作，不影响施工质量（图 2-13）。

图 2-13　涂布完成

（6）稀撒石渣

在第二道涂膜固化之前，在基表面稀撒粒径约 2mm 的石渣，涂膜固化后，这些石渣即牢固地粘结在涂膜表面，作用是增强涂膜与其保护层的粘结能力。

（7）设置保护层

最后一道涂膜固化干燥后，即可设置保护层。保护层采用抹水泥砂浆（或浇筑混凝土）；地下室墙体外壁在稀撒石渣层上抹水泥砂浆保护层，做 120mm 厚保护墙，然后回填土。

（8）做闭水试验

在门口做挡水墙 20cm 高，地漏做临时性封堵，周围用低标号水泥挡高，用球塞（或棉丝）把地漏堵严密且不影响试水，闭水 24 ～ 48 小时。闭水时间越长，防水质量越经得起考验（图 2-14）。

图 2-14　试水

【学习支持】

【知识链接】防水细部做法

（1）阴阳角做法

在基层涂布底层涂料之后，先进行增强涂布，同时将玻璃纤维布铺贴好，然后再涂布第一道、第二道涂膜。

（2）管道根部

将管道以砂纸打毛，并用溶剂洗除油污，管根周围基层应清洁干燥。在管根周围及基层涂刷底层涂料；底层涂料固化后做增强涂布；增强层固化后再涂布第一道涂膜；涂膜固化后沿管道周围密实铺贴十字交叉的玻璃纤维布做增强涂布；增强层固化后再涂布第二道涂膜。

（3）施工缝（或裂缝处理）

施工缝处往往变形较大，应着重处理，先以弹性嵌缝材料（不允许用硅酮密封胶）填嵌裂隙，再涂刷底层涂料，固化后沿裂隙涂抹绝缘涂料（溶剂溶解的石蜡或石油沥青）或铺设1mm厚的非硫化橡胶条，然后做增强涂布（厚约2mm），增强层固化后再按规定顺序涂布第一道及第二道涂膜。

图2-15　增强涂布

【知识链接】做防水的施工原则

做防水的施工流程不可偷懒减项：

在装修中，防水施工一旦疏忽就会留下安全隐患，不断出现的卫生间渗漏问题还会殃及邻里。防水施工的每个环节都必须严格，地面不平整、施工不细致、验收不规范等都容易造成卫生间渗漏。

地面防水不留死角：

新建楼房中，卫生间和厨房地面都有按照规范完成的防水层，只要不破坏原有的防水层，一般不会渗漏。但装修中往往会增加一些洗浴设施或进行水路改造，很容易破坏原有的防水层。顺此，必须修补或重新做防水施工，以免发生渗漏现象；管道、地漏等穿越楼板时，其孔洞周边的防水层必须认真施工。

尤其是更换卫生间原有地砖时，一定要先用水泥砂浆将地面找平；做防水前，还必须将地面清理干净，以避免防水层因厚薄不均而造成渗漏。

墙面防水高度严格

盥洗时水会溅到墙面，如没有防水层的保护，隔壁墙和对顶角墙容易潮湿发生霉变，所以应在铺墙面瓷砖之前做好墙面防水。卫生间和厨房的墙面防水处理高度一般为 0.3 ~ 0.6m；对于非承重的轻体墙，或淋浴区域，应对墙面做防水，墙面防水层高度至少为 1.8m。

墙面内如果铺设水管，必须做大于管径的凹槽，槽内壁处理圆滑，凹槽内按照严格工序与墙面同时做防水层。

2.2.3 施工质量控制要求

（1）保证项目

1）加强对进场原材料的检验和对施工过程的检查，涂膜防水材料，必须符合设计要求和有关标准的规定，产品应附有出厂合格证、防水材料质量认证、现场取样试验，未经认证的或复试不合格的防水材料不得使用。

2）聚氨酯涂膜防水层及其细部等做法，必须符合设计要求和施工规范的规定，并不得有渗漏水现象。上道工序不合格不得继续进行下道工序。

（2）基本项目：

1）基层应牢固、表面洁净、平整，阴、阳角处呈圆弧形或钝角。

2）附加层涂刷方法、搭接、收头应符合规定，并应粘结牢固、紧密，接缝封严，无损伤、空鼓等缺陷。

3）防水层涂刷均匀，保护层和防水层粘结牢固，不得有损伤，厚度不匀等缺陷。

【学习支持】

【知识链接】防水施工注意事项

（1）材料库房应设在交通方便的地方，涂膜防水未全部施工完以前，尽可能不搬迁。材料贮放应离地面30cm以上，堆放整齐，下部垫木要牢固。

（2）施工机具应专管专用，注意检查、维修、保管。使用后的机具应及时以溶剂清洗干净。

（3）施工温度宜在5 ~ 35℃之间，温度低使涂料黏度大，不易施工而且容易涂厚，影响质量；温度过高，会加速固化，亦不便施工，

（4）不宜在雾、雨、雪、大风等恶劣天气进行施工。

（5）施工进行中或施工后，均应对已做好的涂膜防水层加以保护，勿使受到损坏。

（6）注意安全。施工现场要通风，严禁烟火，要有防火措施；施工人员应着工作服，工作鞋，并戴手套和口罩；操作时若皮肤粘上涂膜材料，应及时用沾有乙酸乙酯的棉纱擦除，再用肥皂和清水洗干净。

2.2.4　常见工程质量问题及防治方法

1. 涂膜防水层空鼓、有气泡：

防水层空鼓一般发生在找平层与涂膜防水层之间和接缝处，原因是基层含水过大，使涂膜空鼓，形成气泡。通常是基层处理不干净涂刷不均匀造成的。因此施工中应控制含水率，并认真进行基层处理和操作。

2. 进行蓄水试验时，还有渗漏现象：

防水层渗漏水，多发生在穿过楼板的管根、地漏、卫生洁具及阴阳角等部位，原因是管根、地漏等部件松动、粘结不牢、涂刷不严密或防水层局部损坏，部件接槎封口处搭接长度不够所造成。在涂膜防水层施工前，应认真检查并加以修补。

【评价】

通过实训操作进行考核评价，按时间、质量、安全、文明、环保要求进行考核。首先学生按照表 2-4 项目考核评分，先自评，在自评的基础上，由本组的同学互评，最后由教师进行总结评分。

项目综合实训考核评价表　　　　表 2-4

姓名：　　　　　　　　　　　　　　　　　　　　　　　　总分：

序号	考核项目	考核内容及要求	评分标准	配分	学生自评	学生互评	教师考评	得分
1	时间要求	270 分钟	不按时无分	10				
2	质量要求	检查	1. 未按程序查验扣 5 分 2. 技术准备不充分，扣 5 分	10				
		基层处理	1. 不能正确使用工具，扣 5 分 2. 对基面的处理不符合规范，扣 2 分 / 处 3. 未按施工程序施工，扣 5 分 4. 关键部位未做附加层增补，5 分 / 处。	30				
		防水材料涂刷	1. 涂刷不规范，关键处未加强扣 5 分 2. 涂刷不匀、起泡、翘边，扣 5 分 / 处 3. 发现质量事故扣 20 分	20				
		闭水试验	1. 处理方法错误扣 10 分 2. 处理后问题未排除扣 30 分	30				
3	安全要求	遵守安全操作规程	不遵守酌情扣 1 ～ 5 分					
4	文明要求	遵守文明生产规则	不遵守酌情扣 1 ～ 5 分					
5	环保要求	遵守环保生产规则	不遵守酌情扣 1 ～ 5 分					

注：如出现重大安全、文明、环保事故，本项目考核记为零分。

【课后讨论】

1. 防水材料的分类及特点？
2. 防水涂刷施工有哪些施工要点？
3. 如何保证防水涂刷的施工质量？

任务3 装饰装修地面找平施工

【任务描述】

在装饰工程中，当底层地面和楼层地面的基本构造层不能满足使用要求时，可增设填充层、找平层等构造层。地面找平施工即是在垫层上、楼板上或填充层上利用水泥砂浆或水泥混凝土进行铺设的工程。阳台、卫生间做完防水后通常是进行找坡处理。

【学习支持】

地面找平工程施工应遵循以下施工规范：
《建筑给排水及采暖工程施工质量验收规范》GB50242-2002
《建筑工程施工质量验收统一标准》GB50300-2013
《建筑装饰装修工程施工质量验收规范》GB50210-2011
《住宅装饰装修工程施工规范》GB50327-2002
《建筑安装分项工程施工工艺规程》BDJ01-26-2003
《高级建筑装饰工程质量检验评定标准》BDJ01-27-2003

【提醒】

地面找平施工一定要注意找平层的厚度控制，严格按设计要求进行施工，以保证面层装饰材料施工结束后标高符合设计要求。

另外，就是砂浆水灰比的控制和找平压光的时机掌握也是地面找平施工的质量控制要点。

【学习支持】

2.3.1 施工准备与前期工作

1. 作业条件

（1）地面管线安装完毕，对所覆盖的隐蔽工程进行验收且合格；

（2）地面铺装材料已确定；

（3）地面空鼓、起沙等缺陷已铲除或修补，基层清理干净，无施工障碍；

（4）墙面抹灰已做完；

（5）对所有作业人员已进行技术交底；

（6）作业时的环境如天气、温度、湿度等状况应满足施工质量可达到标准的要求。

2. 材料要求

（1）水泥：宜采用硅酸盐水泥、普通硅酸盐水泥或矿渣硅酸盐水泥，其强度等级应在 32.5 以上。

（2）砂：应选用水洗中砂或粗砂，应符合现行的行业标准《普通混凝土用砂质量标准及检验方法》的规定。

（3）石子：卵石或碎石，最大粒径不大于垫层厚度的 2/3，含泥量不大于 2%。

3. 施工机具

（1）根据施工条件，应合理选用适当的机具设备和辅助用具，以能达到设计要求为基本原则，兼顾进度、经济要求。

（2）常用机具设备有：木耙、铁锹、小线、钢尺、胶皮管、木拍板、刮杠、木抹子、铁抹子、水桶、长把刷子、扫帚等。

【任务实施】

2.3.2 施工操作程序与操作要点

1. 工艺流程

基层处理→找标高、弹线→洒水湿润→抹灰饼和标筋→搅拌砂浆→刷水泥浆结合层→铺水泥砂浆面层→木抹子搓平→铁抹子压第一遍→第二遍压光→第三遍压光→养护。

2. 操作工艺

（1）基层处理（图 2-16）：为了保证工程质量要对基层进行彻底清扫，把沾在基层上的浮浆、落地灰、砂浆块等附着物用錾子或钢丝刷清理掉，再用扫帚将浮土清扫干净，使地面干净整洁，同时，为了保证地面平整，对前期施工留下的灰巴要进行平整、铲除。如地面有油污等污渍可用 10% 的火碱水溶液刷掉基层上的油污，并用清水及时将减液冲净，如果地面不是毛坯房地面，要进行打毛处理，使得铺砂浆时砂浆和基层能连接密实。

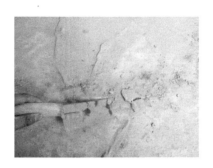

图 2-16　基层清理

（2）找标高弹线：根据墙上水平线，往下量测出面层标高，并弹在墙上。

（3）洒水湿润：用喷壶将地面基层均匀洒水一遍。

（4）抹灰饼和标筋（或称冲筋）：根据房间内四周墙上弹的面层标高水平线，确定面层抹灰厚度不小于 20mm，然后拉水平线开始抹灰饼（5cm×5cm），横竖间距为1.5 ~ 2.00m，灰饼上平面即为地面面层标高。

（5）房间较大的，为保证整体面层平整度，须抹标筋（或称冲筋），将水泥砂浆铺在灰饼之间，宽度与灰饼宽相同，用木抹子拍抹成与灰饼上表面相平一致。

（6）铺抹灰饼和标筋的砂浆材料配合比均与抹地面的砂浆相同。

（7）搅拌砂浆：水泥砂浆的体积比宜为 1∶3（水泥∶砂），砂子应该颗粒坚硬洁净，不含黏土、草根、树叶、碱质及其他有机物等有害物质；如果材料质量不好或含有杂质和泥土，会影响砂浆的附着力，最后抹完之后会出现暴灰现象。把水泥和细砂在不加水的情况下先搅拌均匀，然后再加水搅拌，注意，水不要一次加入，要根据砂浆的稠度分次加入，水太多的话会影响砂浆的黏度，水太少的话则很难成型。直至砂浆拌合均匀，颜色一致（图 2-17）。

图 2-17　砂浆拌合

（8）刷水泥浆结合层：在铺设水泥砂浆之前，按 1∶0.5 的比例配制素水泥浆，用扫帚扫涂地面，形成结合层（涂刷之前将抹灰饼的余灰清扫干净，再洒水湿润），随刷随铺面层砂浆（图 2-18）。

图 2-18　刷水泥浆结合层

（9）铺水泥砂浆面层：涂刷水泥浆之后紧跟着铺水泥砂浆，在灰饼之间（或标筋之间）将砂浆铺均匀，然后用木刮杠按灰饼（或标筋）高度刮平。注意要铺得比较均匀不能太厚，也不能太薄，砂浆作为承重受力层的厚度应为 20mm 左右为宜。铺砂浆时如果灰饼（或标筋）已硬化，木刮杠刮平后，同时将利用过的灰饼（或标筋）敲掉，并用砂浆填平（图 2-19）。

图 2-19　铺水泥砂浆

（10）木抹子搓平：木刮杠刮平后，立即用木抹子搓平，从内向外退着操作，并随时用 2m 靠尺检查其平整度（图 2-20）。

图 2-20　木刮杠刮平

（11）铁抹子压第一遍：木抹子抹平后，立即用铁抹子压第一遍，直到出浆为止，如果砂浆过稀表面有泌水现象时，均匀撒一遍干水泥和砂（1：1）的拌合料（砂子过3mm 筛），再用木抹子用力抹压，使干拌料与砂浆紧密结合为一体，吸水后用铁抹子压平。

（12）第二遍压光：面层砂浆初凝后，人踩上去，有脚印但不下陷时，用铁抹子压第二遍，边抹压边把坑凹处填平，要求不漏压，表面压平、压光。有分格的地面压过后，应用溜子溜压，做到缝边光直、缝隙清晰、缝内光滑顺直。

（13）第三遍压光：在水泥砂浆终凝前进行第三遍压光（人踩上去稍有脚印），铁抹子抹上去不再有抹纹时，用铁抹子把第二遍抹压时留下的全部抹纹压平、压实、压光（必须在终凝前完成）（图 2-21）。

图 2-21　压光

（14）养护：地面压光完工后 24h，铺锯末或其他材料覆盖洒水养护，保持湿润，养护时间不少于 7d 当抗压强度达 5MPa 允许上人。

【学习支持】

2.3.3 施工质量控制要求

1. 主控项目

（1）找平层所用材料的品种、规格、配合比、标号或强度等级等，应按设计要求和施工规范的规定选用。

（2）严禁混用不同品种、不同标号的水泥。

（3）混凝土强度等级符合设计要求。

（4）有防水要求的建筑地面工程的立管、套管、地漏周圈严禁渗漏，坡向正确、无积水。

（5）找平层与其下一层结合牢固，不得有空鼓。

（6）找平层表面应密实，不得有起砂、蜂窝和裂缝等缺陷。

2. 一般项目

国家建筑地面行业关于地面找平的标准，主要是针对家装地面

$2m^2$ 内落差 >3mm【地面不平】

$2m^2$ 内落差 <=3mm【地面合格】

$2 \sim 3m^2$ 内落差 >=5 ~ 10mm【严重不平】

2.3.4 常见工程质量问题及防治方法

1. 混凝土不密实

（1）基层未清理干净，未能洒水湿润透，影响基层与垫层的粘结力；

（2）振捣时漏振或振捣不够；

（3）水泥砂浆配合比掌握不准。

2. 砂浆表面不平整

主要是水泥砂浆铺设后，未按线及时找平，应在水泥初凝时及时进行抹平，控制时间，铺设过程中随时拉线找平。

3. 不规则裂缝

（1）垫层面积过大，未分层分段进行浇筑；

（2）地面回填土不均匀下沉；

（3）厚度不足或垫层内管线过多。

4. 砂浆空鼓、起砂

（1）基层未清理干净，未能洒水湿润透，影响基层与垫层的粘结力；

（2）配合比掌握不准，缺乏必要的养护；

（3）搓沙和收浆未掌握好时间或未做。

【评价】自评、互评及教师总评

通过实训操作进行考核评价，按时间、质量、安全、文明、环保要求进行考核。首先学生按照表 2-5 项目考核评分，先自评，在自评的基础上，由本组的同学互评，最后由教师进行总结评分。

项目综合实训考核评价表　　　　　　　　　表 2-5

姓名：　　　　　　　　　　　　　　　　　　　　　　　　　　　　总分：

序号	考核项目	考核内容及要求	评分标准	配分	学生自评	学生互评	教师考评	得分
1	时间要求	270 分钟	不按时无分	10				
2	质量要求	基层处理	1. 处理不规范、扣 5 分 2. 技术准备不充分，扣 5 分	10				
		配制砂浆	1. 不能正确使用工具，扣 5 分 2. 材料选用不当扣 2 分／处 3. 配合比掌握不准扣 5 分 4. 未按配制程序施工扣 5 分	30				
		铺水泥砂浆	1. 砂浆表面不平整扣 5 分 2. 砂浆空鼓、起砂扣 5 分 3. 搓砂和收浆未掌握好时间或未做。扣 10 分	30				
		养护	1. 缺乏必要的养护扣 10 分 2. 不合格扣 20 分	20				
3	安全要求	遵守安全操作规程	不遵守酌情扣 1～5 分					
4	文明要求	遵守文明生产规则	不遵守酌情扣 1～5 分					
5	环保要求	遵守环保生产规则	不遵守酌情扣 1～5 分					

注：如出现重大安全、文明、环保事故，本项目考核记为零分。

【课后讨论】

1. 地面找平的作用是什么？
2. 地面找平施工有哪些施工要点？

任务 4　建筑装饰墙面饰面砖镶贴施工

【任务描述】

墙面饰面砖镶贴施工是把瓷砖、锦砖、石材等饰面材料通过水泥砂浆或专用黏结材料镶贴在建筑内、外墙面及柱面的装饰工程，是泥工在装修工程中最主要的技术工作之一，也是装修工程中非常关键的一项施工工艺。

【学习支持】

面砖镶贴施工应遵循以下施工规范：

《建筑工程施工质量验收统一标准》GB50300-2013

《建筑装饰装修工程施工质量验收规范》GB50210-2011

《建筑工程项目管理规范》GB/T50326-2006

《住宅装饰装修工程施工规范》GB50327-2002

《高级建筑装饰工程质量检验评定标准》BDJ01-27-2003

【知识链接】

饰面砖材料的种类很多

墙面陶瓷面砖多由黏土、石英砂等等混合，经研磨、压制、施釉、烧结等过程，而形成的一种耐酸碱的瓷质或石质建筑或装饰材料，总称为瓷砖。有釉面和不挂釉两类。釉面砖，又称瓷片、瓷砖、釉面陶土砖，是一种上釉的薄片状装饰材料，表面光滑、亮洁美观，具有抗腐蚀性能好和污染后易擦洗等优点，有一定的吸水率一般用于室内需经常擦洗的墙面装饰。不挂釉的面砖，可用于建筑外墙贴面。

1）釉面内墙砖简称釉面砖，属于精陶制品。其采用瓷土或耐火黏土低温烧成，坯体呈白色，表面施透明釉、乳浊釉或各种色彩釉及装饰釉。常见品种有：彩色釉面砖（有光、无光）、白色釉面砖、装饰釉面砖（花釉砖、结晶釉砖、斑纹釉砖、大理石釉砖）、图案砖（白地、色地）、瓷砖画及色釉陶瓷字砖等。

釉面内墙砖具有许多优良性能，它强度高、表面光亮、防潮、易清洗、耐腐蚀、变形小、抗急冷急热。釉面内墙砖表面细腻，色彩和图案丰富，风格典雅，极富装饰性。由于釉面砖是多孔精陶坯体，在长期与空气接触的过程中，特别是在潮湿的环境中使用时胚体会吸收水分产生吸湿膨胀现象，但其表面釉层的吸湿膨胀性很小，与坯体结合得又很牢固，所以当坯体吸湿膨胀时会使釉面处于张拉应力状态，超过其抗拉强度时，釉面就会发生开裂。尤其是用于室外，经长期冻融，会出现表面分层脱落、掉皮现象。所以釉面砖只能用于室内。

2）陶瓷墙地砖是陶瓷外墙面砖和室内外陶瓷铺地砖的统称。外墙面砖和地砖在使用上不尽相同，如地砖应注重抗冲击性和耐磨性，而外墙砖除应注重其装饰性能外，更要满足一定的抗冻融性能和耐污染性能。由于目前陶瓷生产原料和工艺的不断改进，这类砖趋于墙地两用，故统称为陶瓷墙地砖。

墙地砖多采用陶土质黏土为原料，经压制成型熔烧而成，坯体带色。根据表面施釉与否分为彩色釉面陶瓷墙地砖、无釉陶瓷墙地砖和无釉陶瓷地砖，其中前两种的技术要求是相同的。墙地砖的品种创新很快，劈离砖、麻面砖、渗花砖、玻化砖等都是近年来市场上常见的陶瓷墙地砖的品种。陶瓷墙地砖具有强度高、致密坚实、耐磨、吸水率小、抗冻、耐污染、易清洗、耐腐蚀、经久耐用等特点。

3）陶瓷锦砖系采用优质瓷土烧制而成，可上釉或不上釉，陶瓷锦砖的规格较小，直接粘贴很困难，故需预先反贴于牛皮纸上（正面与纸相贴），故又俗称"纸皮砖"，所形成的产品称为"联"。

陶瓷锦砖质地坚实、吸水率极小、耐酸、耐碱、耐火、耐磨、不渗水、易清洗、抗急冷急热。陶瓷锦砖色彩鲜艳、色泽稳定、可拼出风景、动物、花草及各种图案。陶瓷锦砖施工方便，施工时反贴于砂浆基层上，把皮纸润湿，在水泥初凝前把纸撕下，经调整、嵌缝，即可得连续美观的饰面，因陶瓷锦砖块小，不易踩碎，故陶瓷锦砖实用于洁净门厅、餐厅、厕所、浴室、化验室等处的地面和墙面的饰面。并可应用于建筑物的外墙饰面，与外墙面砖相比具有面层薄、自重轻、造价低、坚固耐用、色泽稳定的特点。

【学习提示】

饰面砖的镶贴一般是指陶制釉面砖、瓷制釉面砖以及玻化砖和玻璃锦砖的镶贴。因为它们的镶贴技术基本上一致，所以就不分开来讲了，这里统称为面砖。本章主要介绍面砖的铺贴施工方法。

【学习支持】

2.4.1　施工准备与前期工作

1. 作业条件

1）墙面基层清理干净，窗台、窗套等事先砌堵好。

2）按面砖的尺寸、颜色进行选砖，并分类存放备用。

3）大面积施工前应先放大样，并做出样板墙，确定施工工艺及操作要点，并向施工人员做好交底工作。还要经过设计、甲方和施工单位共同认定，方可组织班组按照样板墙要求施工。

2. 材料要求

1）水泥：强度等级 32.5 及以上矿渣水泥或普通硅酸盐水泥。应有出厂证明或复试单，若出厂超过三个月，应按试验结果使用。

2）白水泥：强度等级 42.5 白水泥。

3）砂子：河沙或中黄砂，（河沙好于黄沙）。

4）面砖：面砖的表面应光洁、方正、平整；质地坚固，其品种、规格、尺寸、色泽、图案应均匀一致，必须符合设计规定。不得有缺楞、掉角、暗痕和裂纹等缺陷。其性能指标均应符合现行国家标准的规定，釉面砖的吸水率不得大于10%。

3. 施工机具

水桶、木抹子、铁抹子、靠尺、方尺、铁制水平尺、灰槽、灰勺、毛刷、钢丝刷、锤子、小白线、擦布或棉丝、钢片开刀、小灰铲、石云机、线坠、盒尺等。

【任务实施】

2.4.2 施工操作程序与操作要点

1. 工艺流程

基层处理→抹底层砂浆→弹线分格→排砖→浸砖→贴标准点→镶贴面砖→面砖勾缝与擦缝

2. 操作工艺

（1）基层处理：应根据不同的基体进行不同的处理，以解决面砖与基层的黏结问题。

【知识链接】各种基层处理方法

1）混凝土墙面处理：首先将凸出墙面的混凝土剔平，对大钢模施工的混凝土墙面应凿毛，并用钢丝刷满刷一遍，再浇水湿润。如果基层混凝土表面很光滑时，亦可采取如下的"毛化处理"办法，即先将表面尘土、污垢清扫干净，用10%火碱水将板面的油污刷掉，随之用净水将碱液冲净、晾干，然后用1∶1水泥细砂浆内掺20%的108胶，喷或用笤帚将砂浆甩到墙上，其甩点要均匀，终凝后浇水养护，直至水泥砂浆疙瘩全部粘到混凝土光面上，并有较高的强度（用手搬不动）为止（图2-22）。

图2-22 基层处理

2）砖墙面处理：将施工面清理干净，然后用清水打湿墙面，抹1∶3水泥砂浆底层。

3）旧建筑面处理：清理原施工面污垢，如墙面是涂料基层，必须发水后把涂料铲除干净，并且打毛，凿深不小于5mm，间距不大于50mm，并刷净水泥浆一遍。

（2）抹底层砂浆：基体基层处理好后，先刷一道掺水重10%的107胶水泥素浆，紧跟着分层分遍抹底层砂浆（常温时采用配合比为 1：3 水泥砂浆），每一遍厚度宜为 5mm，抹后用木抹子搓平，隔天浇水养护；待第一遍六至七成干时，即可抹第二遍，厚度约 8～12mm，随即用木杠刮平、木抹子搓毛，隔天浇水养护。

（3）弹线分格：待基层灰六至七成干时，即可按图纸要求进行分段分格弹线，同时亦可进行面层贴标准点的工作，以控制出墙尺寸及垂直、平整。

（4）排砖：排砖形式主要有直缝和错缝（俗称"骑马缝"）两种（图 2-23）。

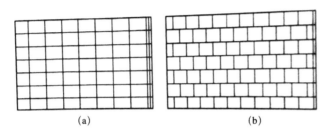

图 2-23　墙面砖排砖

(a) 直缝镶贴；(b) 错缝镶贴

根据大样图及墙面尺寸进行横竖向排砖，以保证砖缝隙均匀，符合设计图纸要求，注意大墙面要排整砖，以及在同一墙面上的横竖排列，均不得有一行以上的非整砖。非整砖行应排在次要部位，如窗间墙或阴角处等。但也要注意一致和对称。如遇有突出的卡件，应用整砖套割吻合，不得用非整砖随意拼凑贴。

瓷砖铺贴的方式有离缝式和无缝式两种。无缝式铺贴要求阳角转角处铺贴时要倒角，即将瓷砖的阳角边厚度用瓷砖切割机打磨成 45° 角，以便对缝。依砖的位置，排砖有矩形长边水平排列和竖直排列两种方式。排砖过程中在边角、洞口和突出物周围常常出现非整砖或半砖，也应注意对称和美观。

（5）浸砖：釉面砖和外墙面砖镶贴前，首先要将面砖清扫干净，放入净水中浸泡 20 分钟以上，取出待表面晾干或擦干净后方可使用。以保证镶贴后不至于因吸灰浆中的水分而粘贴不牢。

图 2-24

（6）贴标准点：正式镶贴前，用混合砂浆将废瓷砖按粘贴厚度在基层上作标志块，用托线板上下挂直，横向拉通，用以控制整个镶贴瓷砖的平整度。在地面水平线嵌上一根八字尺或直靠尺，这样可防止瓷砖因自重或灰浆未硬结而向下滑动，以确保横平竖直（图2-25）。

图 2-25　贴面砖

（7）镶贴面砖：镶贴应自下而上进行，从最下一层砖下口的位置线先稳好靠尺，以此上向作一垂直吊线，作为镶贴的标准。在面砖背面宜采用1：2水泥砂浆镶贴，为改善和易性，可掺15%石膏灰，亦可用聚合物水泥砂浆，当用聚合物水泥砂浆时，其配合比应作实验确定。挂浆要求要饱满，砂浆厚度为6～10mm，若亏灰时，要取下重贴，不得在砖口处塞灰，防止空鼓。贴到墙面用力按压，用灰铲柄轻轻敲打，使瓷砖紧密粘于墙面并附线，再用钢片开刀调整竖缝，并通过标准点调整平面和垂直度。取用瓷砖及贴砖要注意浅色花纹瓷砖的顺反方向，不要粘颠倒，以免影响整体效果（图2-26）。

图 2-26　查平整度

一般每贴6～8块砖应用靠尺检查平整度，随贴随检查，有高出标志块的，可用铲刀木柄或木锤轻锤使之平整；如有低于标志块的则应取下重贴。同时要保证缝隙宽窄一致。当贴到最上一行时，上口要成一直线，上口如没有压条时，则应镶贴一面有弧度或转角的瓷砖。其他设计要求的收口、转角等部位，以及腰线、组合拼花等均应采用相应的砖块（条）适时就位镶贴。

墙砖镶贴时，遇到开关面板或水管的出水孔在墙砖中间，墙砖不允许断开，应用切割机掏孔，掏孔应严密（图 2-27）。

图 2-27　管的出水孔掏孔

水管、转角等地方应先铺周围的整砖，后铺异形砖。对整块瓷砖打预留孔，可先用打孔器钻孔，再用胡桃钳加工至所需孔径，一次不要钳得太多，以免瓷砖碎裂。切割非整块砖时，应根据所需要的尺寸在瓷砖背面划痕，用专用的瓷片刀沿木尺切割出较深的割痕，将瓷砖放在台面边沿处，用手将切割的部分掰下，再把断口不平和切割下的尺寸稍大的瓷砖磨平。

墙砖镶贴时，应考虑与门洞的交口平整，门边线应能完全把缝隙遮盖。在施工过程中，砖若有沾到水泥，要先抹掉，以免干后不易除去。面砖铺贴要求留缝的必须要用十字卡来进行分隔（图 2-28、图 2-29）。

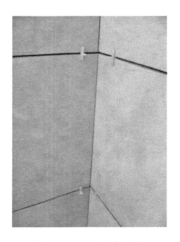

图 2-28　十字卡分隔

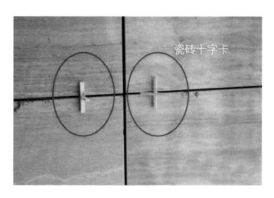

图 2-29　十字卡分隔

（8）面砖勾缝与擦缝：用 1：1 水泥砂浆勾缝，先勾水平缝再勾竖缝，勾好后要求凹进面砖外表面 2 ～ 3mm。若横竖缝为干挤缝，或小于 3mm 者，应按设计要求用白水泥配颜料进行擦缝处理，不得漏擦或形成虚缝。面砖缝勾完后，若砖面污染严重，用布或绵丝蘸稀盐酸刷洗后，再用清水擦洗干净（图 2-30、图 2-31）。

图 2-30　面砖勾缝与擦缝

图 2-31　完工清理

【学习支持】

2.4.3 施工质量控制要求

1. 主控项目

（1）饰面砖的品种、规格、级别、颜色、图案和性能应符合设计要求。

（2）饰面砖粘贴工程的找平、防水、粘结和勾缝材料及施工方法应符合设计要求、国家产品标准及施工规范的规定。

（3）饰面砖粘贴必须牢固、无空鼓、无裂缝。

2. 一般项目

（1）饰面砖表面应平整、洁净、色泽一致，无裂纹和缺损。

墙砖使用前，要仔细检查墙砖的尺寸（长度、宽度、对角线、平整度），色差，品种，以及每一件的色号，防止混等混级。

（2）墙砖的排版，在同一墙面上的横竖排列，不宜有一行以上的非整砖，非整砖应排在次要部位或阴角处。

饰面砖非整砖使用部位应合理且符合设计要求，非整砖尺寸不宜小于二分之一整砖。

（3）墙面突出物周围的饰面砖应整砖套割吻合，边缘应整齐。墙裙、贴脸等上口平直，突出墙面的厚度应一致。

（4）饰面砖接缝应平直、光滑，填嵌应连续、密实；宽度、深度、颜色应符合设计要求。

（5）饰面砖粘贴的允许偏差和检验方法应符合表 2-6 的规定。

饰面砖粘贴的允许偏差和检验方法　　　　　　　　　　表 2-6

项次	项目	允许偏差（mm）	检验方法
1	立面垂直度	2	用 2m 垂直检测尺检查
2	表面平整度	3	用 2m 靠尺和塞尺检查
3	阴阳角方正	3	用直角检测尺检查
4	接缝直线度	2	拉 5m 线，不足 5m 拉通线，用钢直尺检查
5	接缝高低差	0.5	用钢直尺和塞尺检查
6	接缝宽度	1	用钢直尺检查

【学习支持】

【知识链接】施工注意事项

1. 墙砖、石材品种、规格、颜色和图案应符合设计、住户的要求，表面不得有划痕，缺棱掉角等质量缺陷。墙砖使用前，要仔细检查墙砖的尺寸（长度、宽度、对角线、平整度），色差，品种，以及每一件的色号，防止混等混级。

2. 要及时清擦干净残留在门窗框上的砂浆，特别是铝合金门窗框宜粘贴保护膜，预防污染、锈蚀。

3. 认真贯彻合理的施工顺序，少数工种（水、电、通风、设备安装等）的活应做在前面，防止损坏面砖。

4. 油漆粉刷不得将油浆喷滴在已完的饰面砖上，如果面砖上部为外涂料或水刷石墙面，宜先做外涂料或水刷石，然后贴面砖，以免污染墙面。若需先做面砖时，完工后必须采取贴纸或塑料薄膜等措施，防止污染。

5. 木作隔墙贴墙砖，应先在木作基层上挂钢网，刷一便净水泥浆，作抹灰基层后再贴墙砖。

6. 墙砖粘贴前必须找准水平及垂直控制线，垫好底尺，挂线粘贴，做到表面平整，整间或独立部位必须当天完成，或将接头留在转角处。

7. 墙砖粘贴时必须牢固，无歪斜等缺陷。空鼓控制在 3%，单片空鼓面积不超过 10%。

8. 腰带砖在镶贴前，要检查尺寸是否与墙砖的尺寸相互协调，腰带砖下口离地一般不低于 800mm。

9. 墙砖粘贴阴阳角必须用角尺检查成 90°，砖粘贴阳角必须 45° 碰角，碰角严密，缝隙贯通，墙砖切开关插座位置时，位置必须准确，保证开关面板装好后缝隙严密。

10. 墙砖粘贴过程中，砖缝之间的砂浆必须饱满，严禁空鼓。墙砖的最上面一层贴完后，应用水泥砂浆把上部空隙填满，以防在做扣板吊顶打眼时，将墙砖打裂。

【学习支持】

2.4.4 常见工程质量问题及防治方法

1. 空鼓、脱落

产生空鼓、脱落的原因一般是：

（1）面砖铺贴时挂浆不标准，未达到要求；

（2）基层处理或施工不当；

（3）砂浆配合比不准，稠度控制不好，砂子含泥量过大，在同一施工面上采用几种不同的配合比砂浆，因而产生不同的干缩；

（4）冬期施工时，砂浆受冻，化冻后容易发生脱落。

防治措施：认真清理基层表面，按施工标准进行施工；严格控制砂浆水灰比；瓷砖浸泡后阴干；控制砂浆粘结厚度，过厚、过薄均易引起空鼓，粘贴面砖时砂浆要饱满适量，必要时可在砂浆中掺入一定量的胶料，增强粘结。严格按工艺操作，重视基层处理和自检工作，要逐块检查，发现空鼓的应随即返工重做，取下瓷砖，铲去原有砂浆重贴；严格对原材料把关验收。

2. 墙面不平

主要是结构施工期间，几何尺寸控制不好，造成墙面垂直、平整偏差大，而装修前对基层处理又不够认真。

防治措施：应加强对基层打底工作的检查，基层表面一定要平整、垂直；合格后方可进行下道工序。

3. 分格缝不匀、不直

主要是施工前没有认真按照图纸尺寸，核对结构施工的实际情况，加上分段分块弹线、排砖不细，贴灰饼控制点少，以及面砖规格尺寸偏差大，施工中选砖不细，操作不当等造成。

防治措施：施工中应挑选优质瓷砖，校核尺寸，分类堆放；镶贴前应弹线预排，找好规矩；铺贴后应立即拨缝，调直拍实。

4. 墙面脏、裂缝、变色

主要原因是勾完缝后没有及时擦净砂浆以及其他工种污染；饰面砖在运输、操作过程中有损伤；施工前浸泡不够。

防治措施：选用密度高、吸水率低的优质瓷砖；操作前瓷砖应用洁净的清水浸泡透后阴干；不要用力敲击砖面，防止产生隐伤。尽量使用和易性、保水性好的砂浆粘贴，铺贴后随时将砖面上的砂浆擦干净。粘贴后被污物污染所致，可用棉丝蘸稀盐酸加 20% 水刷洗，然后用自来水冲净。同时应加强成品保护

【评价】

通过实训操作进行考核评价，按时间、质量、安全、文明、环保要求进行考核。首先学生按照表 2-7 项目考核评分，先自评，在自评的基础上，由本组的同学互评，最后由教师进行总结评分。

项目综合实训考核评价表　　　　　　　　表 2-7

姓名：　　　　　　　　　　　　　　　　　　　　　　　　　　　　　　　　　总分：

序号	考核项目	考核内容及要求	评分标准	配分	学生自评	学生互评	教师考评	得分
1	时间要求	270 分钟	不按时无分	10				
2	质量要求	基层处理	1. 对基面的处理不符合规范，扣 2 分 / 处 2. 技术准备不充分，扣 5 分	20				
		排砖、浸砖	1. 未按设计图进行排砖，扣 5 分 2. 施工不规范，扣 5 分	10				
		镶贴	1. 不能正确使用工具，扣 5 分 2. 未按施工程序施工，扣 5 分 3. 空鼓、脱落，扣 5 分 / 处 4. 墙面不平，扣 5 分 / 处 5. 分格缝不匀、不直，扣 5 分 / 处	50				

序号	考核项目	考核内容及要求	评分标准	配分	学生自评	学生互评	教师考评	得分
2	质量要求	勾缝	1. 勾缝不匀、方法错误，扣 2 分 / 处 2. 墙面脏扣 5 分	10				
3	安全要求	遵守安全操作规程	不遵守酌情扣 1 ~ 5 分					
4	文明要求	遵守文明生产规则	不遵守酌情扣 1 ~ 5 分					
5	环保要求	遵守环保生产规则	不遵守酌情扣 1 ~ 5 分					

注：如出现重大安全、文明、环保事故，本项目考核记为零分。

【课后讨论】

1. 饰面砖的分类及特点？

2. 墙面饰面砖铺贴有哪些施工要点？

3. 通常墙面饰面砖排砖有何要求？

任务 5 建筑装饰地砖铺贴施工

【任务描述】

建筑装饰地面砖铺贴通常是指陶瓷地砖、锦砖、大理石、花岗石等块材在砂、水泥砂浆或专用胶结料上的铺贴。随着现代工业的发展，地面装饰材料的种类多种多样，这里主要讲述陶瓷地砖的铺贴方法。

【学习支持】

地砖铺贴施工应遵循以下施工规范：

《高级建筑装饰工程质量检验评定标准》BDJ01-27-2003

《建筑装饰装修工程施工质量验收规范》GB50210-2011

《建筑工程项目管理规范》GB/T50326-2006

《住宅装饰装修工程施工规范》GB50327-2002

《建筑工程施工质量验收统一标准》GB50300-2013

【知识链接】 地砖的两种铺贴方法

地砖的铺贴方法通常有干铺法和湿铺法两种，也就是在铺贴地砖时垫层水泥砂浆的含水量的多和少。干铺法砂浆厚度大，不用做基层找平，施工工艺上比湿铺法容易控制平整度，施工速度快且不易空鼓，所以地砖常采用干铺法进行铺装，特别像大理石（花岗石），大于 500mm×500mm 的全瓷地砖等大规格砖均采用干铺法。湿铺因为砂浆中的水分较多，凝固过程中水分蒸发，很容易出现一些小气泡，使地砖与砂浆之间出现空隙，从而造成空鼓现象。但有些材料，像玻璃或陶瓷马赛克、小规格陶瓷地砖宜选用湿铺的方式。

【知识链接】 地砖的干、湿铺装方法对比

地面砖的铺设，无论干铺和湿铺，只要严格按照规范要求来进行施工操作，都是可以满足质量要求的，但是两者的施工方法和施工效果是有一定的区别的，主要有以下几点：

1. 干铺方法施工的地面砖的平整度要比湿铺方法的好控制，因为干硬性砂浆上面的地面砖一旦调整好后，就不会轻易地滑动，而湿铺方法的砂浆由于砂浆内水分多，施工时调整好的地面砖有可能会被扰动；

2. 干性砂浆铺贴地面砖，不容易发生空鼓现象，因为干硬性砂浆内水分少，基本没有气泡产生，而湿铺的砂浆因为水分多，会产生大量的气泡，会导致砂浆凝固后气体挥发而留下许多小的空鼓部分；

3. 干性砂浆在铺贴前，对基层的处理要求要比湿铺法要求高，因为干硬性砂浆内水分少，如果基层不加以湿水，基层将会吸收大量的砂浆内的水分，这样砂浆与基层粘结就不牢固，湿铺法的砂浆内含有大量水分，要比干性砂浆在这方面好的多；

4. 干性砂浆铺贴地面砖时，可以不做基层找平，也可以将基层找平和砂浆结合层一次施工，因为砂浆水分少，对砂浆的厚薄容易调整，而湿铺法因为砂浆存在较大的流动性，如果基层厚度太厚的话，一次就难找平，必须分两次施工，地面平整度不达标时，湿铺法施工就须先做找平后再铺贴地面砖；

5. 干铺法的砂浆要注意掌握砂浆用水量的多少，只需用手将砂浆能握成团，然后松开手砂浆掉在地上能够松散就可以了，水分太少会使砂浆不容易密实，而大大增加砂浆的透水性，卫生间，厨房、阳台通常不采用干铺法施工；

6. 湿铺是直接拿水泥抹在砖后面，然后直接铺在墙上或地面，墙面铺瓷砖都用湿铺，小块砖和地面平整度较好的话用湿铺比较好，能节约地面厚度；

7. 两种铺法的质量是相同的，选用何种方法要看具体情况，一般厨房与卫生间都是用湿铺，客厅可干铺。干铺地面砂浆需要一定厚度（至少 3 ～ 4cm）。

【学习提示】

由于干铺方法施工的地面砖的平整度比湿铺方法的好控制，而干铺后的地砖规整、不变形、不易空鼓且线棱平齐，效果好。且不用做找平层，节约工时，所以现在的地砖铺装大多采用干铺的方法。这里我们主要介绍地砖的干铺法。

【学习支持】

2.5.1　施工准备与前期工作

1. 作业条件

（1）门框已固定，锯口标高、垂直度和平整度已校正，并已钉护框条。

（2）墙面抹灰已完工。

（3）地面管线已铺设，并已验收合格；沟槽、洞口已处理；楼地面垫层已经做完。

（4）铺砖图案样板已审定。

（5）板块应预先用水浸湿，并码放好，铺时达到表面无明水。

（6）复杂的地面施工前，应绘制施工大样图，并做出样板间，经检查合格后，方可大面积施工。

2. 材料要求

（1）地砖品质应采用优等品，进场开箱检查，尺寸应标准，平整度、边直度、直角度误差应不大于 ±0.4mm，色差不明显无夹层、裂纹、开裂等缺陷。凡有翘曲、歪斜、厚薄偏差过大以及裂缝、掉角等缺陷应予剔出。同一楼面、地面工程应采用同一厂家、同一批号的产品，不同品种的板块材料不得混杂使用。

（2）水泥：硅酸盐水泥、普通硅酸盐水泥或矿渣硅酸盐水泥，其强度等级不宜小于32.5。

（3）砂：中砂或粗砂，其含泥量不应大于 3%

3. 施工机具

（1）主要机具

砂浆拌合机、手提切割机，小型砂轮、手电钻等。

（2）主要工具

铁锹、灰桶、喷水壶、尺条子、木抹子、铁抹子、钢皮开刀、胶管、扫帚、擦布、尼龙线、钢尺、木锤、水平尺、方尺、棉纱、茅草刷、钢卷尺、橡皮锤、木柏板、毛刷等。

【任务实施】

2.5.2　施工操作程序与操作要点

1. 工艺流程

清理基层→弹线→试拼试排→刷水泥浆及铺砂浆结合层→铺设板块→灌缝擦缝→养护

2. 操作工艺

(1) 清理基层

板块地面铺砌前，应先检查楼、地面垫层的平整度，将地面垫层上的杂物清除，用钢丝刷或铲刀清除粘在垫层上的砂浆，并清扫干净。如果是光滑的钢筋混凝土楼面，应凿毛，凿毛深度为 5 ~ 10mm，凿毛凹痕的间距为 30mm 左右。基层表面应提前一天浇水湿润（图 2-32）。

图 2-32　基层清理

(2) 弹线

墙面弹好 +50cm 水平基准线。

根据设计要求，确定平面标高位置。平面标高确定之后，在相应的立面上弹线，再根据扳块分块情况挂线找中，即在房间地面取中点，拉十字线。在地面弹出与门道口成直角的基准线，弹线应从门口开始，以保证进口处为整砖，非整砖置于阴角或家具下面。弹线应弹出纵横定位控制线，与走廊直接相通的门口外，要与走道地面拉通线，板块分块布置要以十字线对称。如若室内地面与走廊地面颜色不同，其分界应安排在门口门扇中间处。

(3) 试拼试排

试拼：在正式铺设前，对每一房间的地砖板块，应按图案、颜色、纹理试拼，将非整块板对称排放在房间靠墙部位，试拼后，按两个方向编号排列，然后按编号码放整齐。

试排：在房间内的两个相互垂直的方向铺两条干砂，其宽度大于板块宽度，厚度不小于 3cm。结合施工大样图及房间实际尺寸，把地砖板块排好，以便检查板块之间的缝隙，核对板块与墙面、柱、洞口等部位的相对位置。

(4) 刷水泥浆及铺砂浆结合层

刷水泥浆及铺砂浆结合层：试铺后将干砂和板块移开，清扫干净，用喷壶洒水湿润，刷一层素水泥浆（水灰比为 0.4 ~ 0.5，不要刷得面积过大，随刷随铺砂浆）。根据板面水平线确定结合层砂浆厚度，拉十字控制线，开始铺结合层干硬性水泥砂浆（一般采用 1∶2 ~ 1∶3 的干硬性水泥砂浆，干硬程度以手捏成团、落地即散为宜），厚度控制在放上大理石（或花岗石）板块时宜高出面层水平线 3 ~ 4mm。铺好后，用大杠刮平，再用抹子拍实找平（铺摊面积不得过大）（图2-33）。

图 2-33　铺砂浆结合层

（5）铺设板块

对于铺设于水泥砂浆结合层上的板块面层，施工前，应将板块料浸水湿润，待擦干或表面晾干后方可铺设，这是保证面层与结合层黏结牢固、防止空鼓、起壳等质量通病的重要措施（图2-34）。

图 2-34　浸砖

根据房间拉的十字控制线，纵、横各铺一行，作为大面积铺砌标筋用。依据试拼时的编号、图案及试排时的缝隙在十字控制线交点开始铺砌（图2-35）。

图 2-35　试铺

先试铺，即搬起板块对好纵、横控制线铺落在已铺好的干硬性砂浆结合层上，用橡皮锤敲击木垫扳（不得用橡皮锤或术锤直接敲击板块），振实砂浆至铺设高度后，将板块掀起移至一旁，检查砂浆表面与板块之间是否相吻合，如发现有空虚之处，应用砂浆填补，然后正式镶铺（图 2-36）。

图 2-36　检查砂浆是否饱满

用水灰比为 0.5 的素水泥浆，均匀地抹在砖的背面，厚度控制在 5 ~ 7mm（图 2-37）。

图 2-37　抹素水泥浆

将砖平放到揭起时的位置，安放时，四角同时往下落，用橡皮锤或木锤轻击木垫板致标准砖的高度，清理砖上的泥浆，用靠尺和水平尺检查确认后进行下一块的铺贴；若高度太低或位置不准，应揭开后重贴（图 2-38、图 2-39）。

图 2-38　橡皮锤轻敲找平　　　　　图 2-39　水平尺检测

铺完第一块，向两侧和后退方向顺序铺砌。铺完纵、横行之后有了标准，可分段分区依次铺砌，一般房间宜先里后外进行，逐步退至门口，便于成品保护，但必须注意与楼道相呼应（图2-40）。

图 2-40　依次铺砌，边铺边检查平整度

（6）灌缝擦缝

对于板块地面，应在铺贴完毕24h以后再洒水养护。一般在2d之后，经检盘板块无断裂及空鼓现象，方可进行灌缝。用浆壶将稀水泥浆或1∶1稀水泥砂浆（水泥∶细砂）灌入缝内2/3高低，并用小木条把流出的水泥浆向缝内刮抹。灌缝面层上溢出的水泥浆或水泥砂浆须在凝结之前予以擦除，再用与板面相同颜色的水泥色浆将缝灌满。待缝内的水泥凝结后，再将面层清洗干净（图2-41）。

图 2-41　灌缝擦缝

（7）养护

在拭净的地面上，用干锯末或苫帘覆盖保护，2～3d内禁止上人。

【知识链接】踢脚板施工

踢脚板一般高度为100～200mm，厚度为15～20mm。施工有粘贴法和灌浆法两种。

踢脚板施工前要认真清理墙面，提前一天浇水湿润。按需要数量将阳角处的踢脚板的一端，用无齿锯切成45°，并将踢脚板用水刷净，阴干备用。

镶贴时，由阳角开始向两侧试贴，检查是否平直，缝隙是否严密，有无缺边掉角等缺陷，合格后方可实贴。不论采取什么方法安装，均先在墙面两端各镶贴一块踢脚板，其上沿高度应在同一水平线上，出墙厚度要一致，然后沿两块踢脚板上沿拉通线，逐块依顺序安装。

（1）粘贴法：根据墙面标筋和标准水平线，用1：2～2.5水泥砂浆抹底层并刮平划纹，待底层砂浆干硬后，将已湿润阴干的踢脚板抹上2～3mm素水泥浆进行粘贴，并用橡皮锤敲击平整，并随时用水平尺及靠尺找平与找直，第二天用与板面相同颜色的水泥浆擦缝。

（2）灌浆法：将踢脚板临时固定在安装位置，用石膏将相邻的两块踢脚板以及踢脚板与地面、墙面间稳牢，然后用1：2水泥砂浆（体积比）灌缝。注意随时把溢出的砂浆擦拭干净。待灌入的水泥砂浆终凝后，把石膏铲掉擦净，用与板面同色水泥浆擦缝。

【学习支持】

2.5.3 施工质量控制要求

1. 主控项目

（1）面层所用的板块的品种、质量必须符合设计要求。

检验方法：观察检查和检查材质合格证明文件及检测报告。

（2）面层与下一层的结合（粘结）应牢固，无空鼓。

检验方法：小锤轻击检查（凡单块砖边角有局部空鼓，且每自然间（标准间）不超过总数的5%可不计）。

2. 一般项目

（1）砖面层的表面应洁净、图案清晰，色泽一致，接缝平整，深浅一致，周边顺直。板块无裂纹、掉角和缺棱等缺陷。

检验方法：观察检查。

（2）面层邻接处的镶边用料及尺寸应符合设计要求，边角整齐、光滑。

检验方法：观察和用钢尺检查。

（3）踢脚线表面应洁净、高度一致、结合牢固、出墙厚度一致。

检验方法：观察和用小锤轻击及钢尺检查。

（4）面层表面的坡度应符合设计要求，不倒泛水、无积水；与地漏、管道结合处应严密牢固，无渗漏。

检验方法：观察、泼水或坡度尺及蓄水检查。

（5）砖面层的允许偏差应符合表 2-8 的规定。

地砖铺贴的允许偏差和检验方法 表 2-8

项次	项目	允许偏差（mm）	检验方法
1	表面平整度	1.0	用 2m 靠尺和楔形塞尺检查
2	缝格平直	1.0	拉 5m 线和用钢尺检查
3	板块间隙宽度	0.5	用钢尺检查
4	接缝直线度	2	拉 5m 线，不足 5m 拉通线，用钢直尺检查
5	接缝高低差	0.2	用钢尺和楔形塞尺检查
6	踢脚线上口平直	0.5	拉 5m 线和用钢尺检查

2.5.4 常见工程质量问题及防治方法

地面地砖铺贴常见的质量缺陷是空鼓和平整度偏差大。

1. 空鼓

主要原因有粘结层砂浆稀、铺贴时水泥素浆已干、板材背面污染物未除净、养护期过早上人行走或重压。在施工中，粘结层砂浆要干，以落地散开为准。铺贴时水泥素浆的水灰比为 1 : 2（体积比），严禁用水泥面粉铺贴。养护期内应架板，禁止在面上行走。

如发生空鼓，则应返工重铺，方法是取出空鼓地砖，可用吸盘吸住，平直吊出，然后按规范要求铺贴。

2. 平整度偏差大

除施工操作不当、板面没有装平外，主要原因是板材翘曲。在施工中应严格选材，剔除翘曲严重的不合格品，厚薄不匀的，可在板背抹砂浆找平，对局部偏差较大的，可用云石机打抹平整，再进行抛光处理。没有装平的板块，应取下重装。

【评价】

通过实训操作进行考核评价，按时间、质量、安全、文明、环保要求进行考核。首先学生按照表 2-9 项目考核评分，先自评，在自评的基础上，由本组的同学互评，最后由教师进行总结评分。

项目综合实训考核评价表 表 2-9

姓名： 总分：

序号	考核项目	考核内容及要求	评分标准	配分	学生自评	学生互评	教师考评	得分
1	时间要求	270 分钟	不按时无分	10				
2	质量要求	基层处理	1. 对基面的处理不符合规范，扣 2 分 / 处 2. 技术准备不充分，扣 5 分	20				

序号	考核项目	考核内容及要求	评分标准	配分	学生自评	学生互评	教师考评	得分
2	质量要求	排砖、浸砖	1. 未按设计图进行排砖，扣 5 分 2. 施工不规范，扣 5 分	10				
		镶贴	1. 不能正确使用工具，扣 5 分 2. 未按施工程序施工，扣 5 分 3. 空鼓、脱落，扣 5 分 / 处 4. 地面不平，扣 5 分 / 处 5. 分格缝不匀、不直，扣 5 分 / 处	50				
		勾缝	1. 勾缝不匀、方法错误，扣 2 分 / 处 2. 地面脏扣 5 分	10				
3	安全要求	遵守安全操作规程	不遵守酌情扣 1 ～ 5 分					
4	文明要求	遵守文明生产规则	不遵守酌情扣 1 ～ 5 分					
5	环保要求	遵守环保生产规则	不遵守酌情扣 1 ～ 5 分					

注：如出现重大安全、文明、环保事故，本项目考核记为零分。

【课后讨论】

1. 地砖铺装之前应该进行哪些准备工作？

2. 地砖铺装完以后，对砖缝用白水泥勾缝起什么作用？

3. 铺装地砖使用专用材料是否可行？

项目 3
建筑装饰木作工程

【项目概述】

　　所谓"建筑装饰木作工程"就是指以木材为主要材料的分项工程。建筑装饰木作工程是属于装修中的结构及饰面工程，家庭装修中的大部分造型均由木作完成，通过木作工程即可展现出整个装修的基本形状和一定的设计感。所以建筑装饰工程木作施工是很重要的环节。木作工程可分为以下几个任务：吊顶工程、木地板铺装工程、隔断工程、背景墙工程、家具、门窗工程。

　　本项目主要介绍吊顶工程、木地板铺装工程、隔断工程、背景墙工程施工。

【学习目标】

　　知识目标：通过本课程的学习，掌握建筑装饰装修木作工程的施工工艺、操作程序、质量标准及要求；掌握室内装饰木作工程施工材料品种、规格及特点；能熟练识读施工图纸。

　　能力目标：通过本课程的学习，能根据木作工程的施工工艺、施工要点质量通病防范等知识编制具体的施工技术方案并组织施工；能够按照装饰装修木作工程质量验收标准，进行工程的质量检验；能够进行技术资料管理，整理相关的技术资料；能够处理现场出现的问题，提高解决问题的能力；能正确选用、操作和维护常用施工机具，正确使用常用测量仪器与工具。

　　素质目标：通过本课程的学习，培养具有严谨的工作作风和敬业爱岗的工作态度，自觉遵守安全文明施工的职业道德和行业规范；具备能自主学习、独立分析问题、解决问题的能力；具有较强的与客户交流沟通的能力、良好的语言表达能力。

任务 1　建筑装饰吊顶工程施工

【任务描述】

室内吊顶工程施工是在隐蔽工程的水电工程以及相应的泥水工程完工后进行的。就是木工根据设计的要求，用相应的材料根据设计图纸进行吊顶造型和饰面的施工。吊顶工程是室内装修的一个重要环节，其质量和造型直接关系到整个装修的外观效果以及设计感的表达。是针对建筑物顶棚进行施工的项目。

【学习支持】

吊顶工程施工应遵循以下施工规范：

《建筑工程施工质量验收统一标准》GB50300-2013

《建筑装饰装修工程施工质量验收规范》GB50210-2011

《建筑工程项目管理规范》GB/T50326-2006

《建筑内部装修设计防火规范》GB50222-95

《建筑安装分项工程施工工艺规程》DBJ01-26-2003

《住宅装饰装修工程施工规范》GB50327-2002

【知识链接】 吊顶的作用

1.弥补原建筑结构的不足。比如层高过高，会使房间变得空旷，可以用吊顶来降低高度，如果层高过低，也可以通过吊顶的进行处理，利用视觉的误差，使房间"变"高。有些住宅原建筑房顶的横梁、暖气通道、露在外面不是很美观，可以通过吊顶掩盖以上不足，使顶面整齐有序而不杂乱。

2.增强装饰效果。吊顶可以丰富顶面造型，增强视觉感染力，使顶面处理富有个性，从而体现独特的装饰风格。

3.丰富室内光源层次，达到良好的照明效果。有些住宅原建筑照明线路单一，照明灯具简陋，无法创造良好的光照环境。吊顶可以将许多管线隐藏，还可以预留灯具安装部位，能产生电光、线光、面光相互辉映的光照效果，使室内增色不少。

4.隔热保温。顶楼的住宅如无隔温层，夏季阳光直射房顶，室内如同蒸笼一般，可以通过吊顶加一层隔温层，起到隔热降温的作用，冬天，它又成为一个保温层，使室内的热量不易通过屋顶流失。

5.分割空间。吊顶是分割空间的手段之一，通过吊顶可以使原来层高相同的相连的两个空间变得高低不一，从而划分两个不同的区域。如客厅与餐厅、通过吊顶的分割使两部分分工明确，又使下部空间保持连贯、通透，一举两得。

【学习提示】

吊顶工程根据选用材料的不同又可分为木龙骨吊顶和金属龙骨吊顶，家庭装修的客厅，卧室通常是采用木龙骨来进行吊顶，因为木龙骨吊顶比较容易做各种造型，而金属龙骨吊顶常用在厨房、卫生间等需防火、潮湿的地方，大面积的公共空间常采用的是金属龙骨吊顶。本节主要介绍木龙骨吊顶工程的施工。

室内设计顶面布局图和大样图是室内顶棚结构和造型的主要依据，顶面布局施工图的正确识读是吊顶工程顺利完成的基本保证。施工图是非常重要的一个环节，重要到没有它理论上是不能施工的，因为施工图是施工的标准和依据。所有的施工内容，都要按图纸进行，包括所有的板材、型材、面层涂饰等等都要按施工图标注内容进行；同样的，内部结构也要按施工图进行，只有这样，才能确保装饰吊顶工程得以保质保量的顺利完成。

【学习支持】

3.1.1　施工准备与前期工作

1. 作业条件

（1）在吊顶施工前，顶棚内的电气布线、接线、空调管道、消防管道、供水管道、报警线路等必须安装就位且验收合格。

（2）墙面及楼、地面湿作业和屋面防水已做完。

（3）若设计要求有预埋吊筋和木砖的，要事先预埋好。

（4）直接接触墙体的木龙骨，应预先在上面刷防腐漆。

（5）按工程所处环境及对防火等级的要求，应对木龙骨进行喷涂防火涂料或置于防火涂料槽内浸渍处理。

（6）室内环境力求干燥，满足木龙骨吊顶作业的环境要求。

2. 材料要求

（1）施工材料

木料：木质龙骨材料应为烘干、无扭曲、无劈裂、不易变形、材质较轻的树种，以红松、白松为宜。

罩面板：胶合板、实木板、纤维板、纸面石膏板、矿棉板、塑料装饰板等按设计选用。

固结材料：圆钉、射钉、膨胀螺栓、胶粘剂。

挂件连接材料：φ6～φ8钢筋、角钢、扁钢、8号钢丝，防锈漆。

（2）常用的机具

激光水平仪、冲击电钻、手电钻、手持切割机、电动或气动钉枪、木刨、槽刨、木工锯、螺丝刀、手锤、扁铲、水平尺、凿子、墨线盒、钢卷尺等（图 3-1）。

吊顶施工所需工具		
 1. 手持式切割机 用于切割吊顶板材	 2. 角尺 用于测量板材	 3. 墨斗 用于画短直线或者做记号，装修中用以标记水平或垂直位置
 4. 气动码钉枪 对板材进行装钉，固定与墙面上	 5. 冲击钻 墙面打孔、上螺钉等	 6. 钢钉与锤子 利用楔形斜度来促使膨胀产生摩擦握裹力，达到固定效果
 7. 木工锯 切割胶合板、木条等	 8. 激光水平仪 用于墙面、地面等的找平	 9. 气动螺丝刀 用于板材的装钉固定

图 3-1　吊顶常用工具

【任务实施】

3.1.2　施工操作程序与操作要点

1. 工艺流程

基层检查→弹线→木龙骨处理→龙骨架拼接→安装吊点紧固件→龙骨架吊装→龙骨架整体调平→面板安装→压条安装→板缝处理。

2. 操作工艺

（1）基层检查：对顶面进行结构检查，对不符合设计要求的及时进行处理，同时检查房屋设备安装情况、预留孔位置是否符合设计要求。

（2）弹线：弹线包括弹吊顶标高线、吊顶造型位置线、吊挂点定位线、大中型灯具吊点定位线。

1）弹吊顶标高线：根据室内墙上 +50cm 的水平线，用尺量至顶棚设计标高，在该点画出高度线。沿墙面弹一道墨线，这条线便是吊顶标高线，也是吊顶四周的水平线，其偏差不能大于 5cm。

图 3-2　弹吊顶标高线

操作时可用水平仪或灌满水的透明塑料管来确定各点的高度（图 3-2）。

2）确定吊顶造型线：对于较规则的建筑空间，其吊顶造型位置可在一个墙面量出竖向距离，以此画出其他墙面的水平线，即吊顶位置的外框线，而后逐步的找出各局部的造型框架线。对于不规则的室内空间画吊顶造型线时，宜采用找点法，即根据施工图纸测出造型边缘距离面的距离，对于墙面和顶棚基层进行实测，找出吊顶造型边框的有关基本点，将各点连线，形成吊顶造型线（图 3-3）。

图 3-3　找出吊顶造型边框的有关基本点

3）确定吊挂点的位置线：对平顶其吊点一般按每平方布置 1 个，在顶棚上均匀排布，对于有叠级造型的吊顶，应注意在分层交界处布置吊点，吊点的间距为 0.8 ~ 1.2m。较大的灯具安装应安排单独吊点来挂吊（图 3-4）。

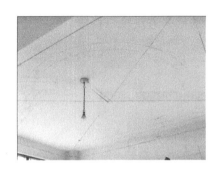

图 3-4　确定吊顶造型线

（3）木龙骨的处理

1）防腐处理：在室内装修中所用到的木质龙骨材料。应按规定选材并进行防潮处理，同时也应该涂刷防虫药剂（图 3-5）。

图 3-5　木龙骨防腐处理

2）防火处理：在吊顶工程中木构件的防火处理，一般是将防火涂料涂刷或喷于木材表面，也可以把木质龙骨置于防火涂料的槽内浸渍处理。

（4）龙骨架的分片拼装：为方便安装，木龙骨多在地面进行拼装。

1）确定吊顶骨架需要分片状或分片安装的位置和尺寸，根据分片的平面尺寸选取龙骨尺寸。

2）先拼接组合较大的龙骨骨架，再拼接小片的局部骨架。拼接组合的面积不可过大，否则不便安装（图 3-6）。

图 3-6　组合龙骨骨架

3）骨架的拼接按凹槽对凹槽的方法咬口拼接，拼接处涂胶并用圆钉固定（图3-7）。

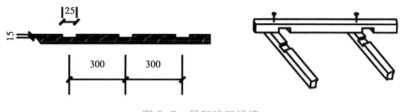

图 3-7　骨架咬口拼接

（5）安装吊点紧固件及固定边龙骨

1）安装吊点紧固件：吊顶吊点的紧固方式较多，如吊杆与预埋吊筋，钢板连接。无预埋吊筋的顶面可以用射钉或膨胀螺栓将角钢固定于楼板底面作为与吊杆的连接件（图3-8）。

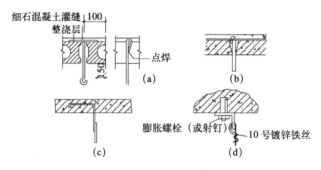

图 3-8　角钢固定作为与吊杆的连接件

2）固定沿墙边龙骨：沿吊顶标高线固定边龙骨，可以利用预埋木砖或钻孔打木楔钉钉子的方法进行固定。无论哪种方式固定沿墙龙骨，均应保证牢固可靠，并且其底面必须与吊顶标高线保持齐平（图3-9）。

图 3-9　沿墙边龙骨固定打孔、钉木楔

在木龙骨上打小孔，然后用水泥钉通过小孔将边龙骨钉固定在混凝土的墙面上（此种方法不适宜用在砖砌墙体）（图 3-10）。

图 3-10　固定沿墙边龙骨

（6）龙骨吊装

1）分片吊装：将拼接组合好的木龙骨架托起至吊顶标高线的位置，先做临时固定。临时固定，用棒线绳或尼龙线沿吊顶标高线拉出几条平行线和对角交叉线，以此为准，将龙骨慢慢移动至与标高线平齐，然后与吊筋连接固定。用同样的方法对叠级吊顶龙骨进行固定，将上下两级龙骨连接起来（图 3-11）。

图 3-11　分片吊装

2）龙骨架与吊点的固定：木骨架吊顶的吊杆，常采用的有木吊杆，角钢吊杆和扁铁吊杆。采用木吊杆时。截取的木方吊杆料应长于吊点与龙骨架的实际间距 10cm 左右，以便调整高度。采用角钢做吊杆时，在其端头钻 2～3 个孔以便调整高度，与木骨架的连接点可选择骨架的角位，用 2 枚木螺钉固定（图 3-12）。

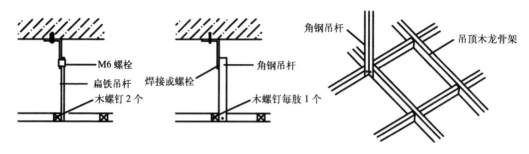

图 3-12　龙骨架与吊点的固定

　　采用扁铁做吊杆时，其端头也应打出 2～3 个调节孔，扁铁与吊点连接件的连接可用 M6 螺栓，与木骨架用 2 枚木螺钉固定。吊杆固定的下端最终都应该按准确尺寸截平，不得伸出木龙骨架底面。

　　3）龙骨架分片间的连接：分片龙骨架在同一平面对接时，将其端头对正，然后用短木方钉于对接处的侧面或顶面进行加固（图 3-13）。

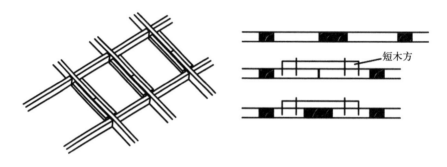

图 3-13　龙骨架的连接

　　对于一些重要部位的骨架分片间的连接，应选用铁件进行加固

　　4）叠级吊顶上下层龙骨架的连接：叠级吊顶，也称高差吊顶、变形吊顶。对于叠级吊顶，一般是自高而下开始吊装，吊装与调平的方法与上述相同，其高低面的衔接，先以一条木方斜向将上下骨架定位，再用垂直方向的木方把上下两平面的龙骨架固定连接（图 3-14）。

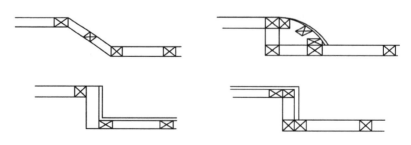

图 3-14　叠级吊顶上下层龙骨架的连接

（7）龙骨架整平：在各分片吊顶龙骨架安装就位以后，对于吊顶面需要设置的送风口、检修孔、内嵌式吸顶灯盘及窗帘盒等装置，在其预留位置处要加设骨架，进行必要的加固处理及增设吊杆等。全部按设计要求到位以后，即在整个吊顶面下拉十字交叉的标高线，用以检查吊顶面的整个平整度。对于吊顶骨架面的下凸部位，要重新拉紧吊杆，对于其上凹的部位。可用木杆下顶，尺寸准确后须将杆件两端固定。吊顶常采用起拱的方法来平衡饰面板的重力。并减少视觉上的下坠感，一般 7 ~ 10m 跨度按 3/1000 起拱，10 ~ 15m 跨度按 5/1000 起拱。

（8）吊顶面板的安装

1）板材预排布置：为避免材料浪费以及在安装施工中出现差错，并达到美观效果在正式装钉以前必须要进行预排布置。对于不留缝隙的吊顶面板，有两种铺排方式：一是整板居中，非整板布置两侧；二是整板铺大面，非整板放在边缘部位。

2）预留设备安装位置：吊顶顶棚上的各种设备，例如空调冷暖送风口、排气口、暗装灯具口等，应根据设计图纸，在吊顶面板上预留开口（图 3-15）。

图 3-15　预留设备安装位置

3）面板铺钉：用自攻螺钉把纸筋石膏板铺钉在龙骨上，安装时应注意：石膏板的长边必须与次龙骨呈垂直交叉状态，使端边落在次龙骨中央部位。石膏板应在自由状态下进行安装，固定时应从中央向板的四边顺序固定，石膏板与墙面间应留出 6mm 间隙。螺钉与板边的距离以 10 ~ 15mm 为宜，自攻螺钉的钉距不大于 200mm（可选 150 ~ 170mm）。板材装钉完成后，用石膏腻子填抹板缝和钉孔，用接缝纸带或玻璃纤维网格胶带等板缝补强材料补贴板缝，各道嵌缝均应在前一道嵌缝腻子干燥后再进行（图 3-16）。

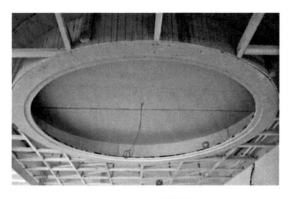

图 3-16　面板铺钉

【学习支持】

【知识链接】

1. 材料的选择：吊顶面板一般选用加厚的三夹板或五夹板安装。如果使用过薄的胶合板，在温度和湿度变化下容易产生吊顶面层的凹凸变形，也可选用其他人造板材，如纤维板。刨花板、木丝板、矿棉吸声板等。

图 3-17　各种吊顶面材

2. 板材处理

（1）弹面板装订线：按照吊顶龙骨的分格情况，以骨架中心线尺寸，在挑选出的石膏板或胶合板正面上画出装钉线，以保证能将面板准确地固定在木龙骨上。

（2）切割板材：根据设计要求，如需将板材分格分块装订，应按画线切割石膏板或胶合板。方形板块应注意找方，确保四个角为直角。当设计要求钻孔并形成图案时，应先做样板，按样板制作。

（3）修边倒角：在石膏板或胶合板块的正面四周，用手工细刨或电动刨抛出45°倒角。宽度2～3mm，对于要求不留缝隙的吊顶面板，此种做法有利在嵌缝补腻子时使板缝严密并减少以后的变形程度。对于有缝装饰要求的吊顶面板，可用木工修边机，根据图纸要求进行修边处理。

（4）防火处理：对有防火要求的木龙骨，其面板在以上工序完毕以后应进行防火处理，通常做法在面板反面涂刷或喷涂防火涂料，晾干备用。对于木骨架的表面应该做同样的处理。

【知识链接】

其他人造板顶棚饰面安装

木丝板、刨花板、细木工板安装时，一般多用压条固定，其板与板的间隙要求0.3～0.5cm。如不采用压条固定而采用钉子固定时，最好采用半圆头木螺钉，并加垫圈，钉距10～12cm。钉距应一致，纵横成线，以提高装饰效果（图3-18）。

图 3-18　面板铺钉

印刷木纹板安装，多采用钉子固定法，钉距不大于12cm。为防止破坏板面装饰，钉与钉间要齐平，然后用与板面相同的颜色的油漆涂饰。

甘蔗板、麻屑板的安装，可用圆钉固定法，也可用压条法和粘贴法。

（1）圆钉固定法：用圆钉将板子钉于顶棚木龙骨上，钉下放3cm圆形铁垫圈一个。或在每四块板中间的交角处，用木螺钉固定塑料（或其他材料）托花一个。为防止板面翘曲、空鼓等弊端，可在塑料托花之间，沿边等距离加固固定。

（2）压条固定法：在板与板之间用压条一道进行固定。压条可以是木压条、金属压条或硬塑料压条，将板固定于顶棚木龙骨上。各种压条用钉固定时要先拉通线，安装后应平直，接口要严密。

（3）粘贴固定法：在基层平整的条件下，采用胶粘剂直接粘贴。须将顶棚基层平整，把108胶或404胶按梅花点涂于板块的背面，然后将板贴于基层之上，用力压实。约十几分钟卸力，一个小时以后胶粘剂即可固化，将板贴牢。

【学习支持】

3.1.3 施工质量控制要求

吊顶工程施工质量控制要点。

（1）安装龙骨前，应按设计要求对房间净高、洞口标高和吊顶管道、设备及其支架的标高进行交接检验。吊顶标高、尺寸、起拱和造型应符合设计要求。

（2）饰面材料的材质、品种、规格、图案和颜色应符合设计要求，安装面板前应完成吊顶内管道和设备的调试及验收

（3）吊顶工程的吊杆、龙骨和饰面材料的安装必须牢固。吊杆距主龙骨端部距离不得大于300mm，当大于300mm时，应增加吊杆.当吊杆长度大于1.5m时，应设置反支撑.当吊杆与设备相通时，应调整并增设吊杆。重型灯具、电扇及其他重型设备严禁安装在吊顶工程的龙骨上。

（4）吊顶时可以选用木龙骨，也可以选用轻钢龙骨时，尽量的选择轻钢龙骨。因为木材的涨缩比较大，容易导致吊顶的结构变形。

（5）吊杆、龙骨的材质、规格、安装间距及连接方式应符合设计要求，预埋件、金属吊杆、金属龙骨应经过表面防腐处理，木吊杆、木龙骨和木饰面板必须进行防火处理，并应符合有关防火规范的规定。

（6）施工和设计中都应注意伸缩缝，每道接缝处都应该留有伸缩缝，并且倒成45°角。以免应力的累积。石膏板的接缝应按其施工工艺标准进行板缝防裂处理，安装双层石膏板时，面层板与基层板的接缝应错开，并不得在同一根龙骨上接缝。

（7）饰面材料表面应洁净、色泽一致，不得有翘曲、裂缝及缺损。压条应平直、宽窄一致。自攻螺钉要均匀分布，保证每颗螺丝承受力接近，否则容易形成连锁反应使结构失去稳定性而产生变形裂缝。

（8）饰面上的灯具、感应器、喷淋头等设备的位置应合理、美观，与饰面板的交接应吻合、严密。

（9）金属吊杆、龙骨的接缝应均匀一致，角缝应吻合，表面应平整，无翘曲、锤印。木质吊杆、龙骨应顺直，无劈裂、变形。钢龙骨和木龙骨安装时均应平整，留的间距应规范。

（10）施工中应该注意降低室内环境的湿度，保持良好的通风，尽量等到混凝土含水量达标后才施工，否则容易导致吊顶受潮变形。

3.1.4 常见工程质量问题及防治方法

1. 吊顶不平。

现象：吊顶不平、倾斜或局部有波浪。

原因：1. 吊顶标高未找准水平，或弹线不清，局部标高找错。

2. 吊顶间距过大，龙骨受力变形过大。

3. 木龙骨吊顶的木材含水率大，收缩变形。

4. 采用木螺钉固定时，螺钉与石膏板边距离大小不一致。

措施：1. 准墙四周标高线，弹线清楚，位置准确。

2. 轻钢龙骨吊杆间距应为 1200 ~ 1500mm，不可过大。

3. 使用的木材符合要求，固定牢固。

4. 螺钉与板边或板端的距离不得小于 10mm，也不得大于 16mm。板中间螺钉的距离不得大于 200mm。

2. 纸面石膏吊顶板缝开裂。

现象：纸面石膏板吊顶，经过一段时间后，石膏板接缝出现裂缝。

原因：1. 板缝节点构造不合理。

2. 石膏板质量差，胀缩变形。

3. 嵌缝腻子质量差。

4. 施工措施不当。

5. 吊顶龙骨固定不牢。

措施：纸面石膏板吊顶出现裂痕与季节、施工及材料有密切的关系。纸面石膏板吊顶容易出现的问题主要有两种，一种情况是吊顶竣工后半年左右，纸面石膏板接缝处开始出现裂缝。解决的办法是石膏板吊顶时，要确保石膏板在无应力状态下固定。龙骨及紧固螺丝间距要严格按设计要求施工；整体满刮腻子时要注意，腻子不要刮的太厚。第二种情况是吊顶出现不规则的波浪型。吊顶周边格栅或四角不平，或木材含水率大产生收缩变形，都能造成拱度不均匀；另外，龙骨接头不平有硬弯，吊杆或吊筋间距过大使龙骨变形，也会造成吊顶不平；木吊杆顶头劈裂，用钢筋做吊杆时未拉紧，都会引发不规则波浪变形；面积较大的吊顶工程，最好使用轻钢龙骨。吊顶木材应选用优质软质木材，其含水率应控制在 12% 以内，龙骨应顺直，不能有横向贯通断面的节疤，吊顶施工应在四周墙上弹线找平，装钉时四周以水平为准，中间接水平线的起拱高度为房间短向跨度的 1/200，纵向拱度应吊匀。

【评价】

通过实训操作进行考核评价，按时间、质量、安全、文明、环保要求进行考核。首先学生按照表 3-1 项目考核评分，先自评，在自评的基础上，由本组的同学互评，最后由教师进行总结评分。

项目综合实训考核评价表　　　　　　　　　　　　表 3-1

姓名：　　　　　　　　　　　　　　　　　　　　　　　　　　　　总分：

序号	考核项目	考核内容及要求	评分标准	配分	学生自评	学生互评	教师考评	得分
1	时间要求	270 分钟	不按时无分	10				
2	质量要求	弹线定位	1.标高线不规范扣 5 分 2.弹线技术不准确扣 5 分	10				
		安装吊点紧固件	1.吊点位置不正确扣 15 分 2.安装吊点不符合施工规范扣 15 分	30				
		木龙骨固定	1.木龙骨拼装不规范扣 15 分 2.木龙骨固定布置不合理扣 15 分	30				
		面板安装	1.面板弹线分割不正确扣 10 分 2.面板固定不规范施工扣 10 分	20				
3	安全要求	遵守安全操作规程	不遵守酌情扣 1～5 分					
4	文明要求	遵守文明生产规则	不遵守酌情扣 1～5 分					
5	环保要求	遵守环保生产规则	不遵守酌情扣 1～5 分					

注：如出现重大安全、文明、环保事故，本项目考核记为零分。

【知识链接】

吊顶设计的原理、分类及流行趋势。

一、吊顶设计的原理：吊顶在整个居室装饰中占有相当重要的地位，对居室顶面作适当的装饰，不仅能美化室内环境，还能营造出丰富多彩的室内空间艺术形象。在选择吊顶装饰材料与设计方案时，要遵循既省材、牢固、安全、又美观、实用的原则。

二、吊顶的分类。

（1）平面式：平面式吊顶是指表面没有任何造型和层次，这种顶面构造平整、简洁、利落大方、材料也较其他的吊顶形式为省，适用于各种居室的吊顶装饰。它常用各种类型的装饰板材拼接而成，也可以表面刷浆、喷涂、裱糊壁纸、墙布等。

（2）凹凸式（通常叫造型顶）：凹凸式吊顶是指表面具有凹入或凸出构造处理的一种吊顶形式，这种吊顶造型复杂富于变化、层次感强、适用于厅、门厅、餐厅等顶面装饰。它常常与灯具（吊灯、吸顶灯、筒灯、射灯等）搭接使用。

（3）悬吊式：悬吊式是将各种板材、金属、玻璃等悬挂在结构层上的一种吊顶形式。这种顶棚富于变化动感，给人一种耳目一新的美感，常用于宾馆、音乐厅、展馆、影视厅等吊顶装饰。常通过各种灯光照射产生出别致的造型，充溢出光影的艺术趣味。

（4）井格式：井格式吊顶是利用井字梁因形利导或为了顶面的造型所制作的假格梁

的一种吊顶形式。配合灯具以及单层或多层装饰线条进行装饰，丰富顶棚的造型或对居室进行合理分区。

（5）玻璃式：玻璃顶面是利用透明、半透明或彩绘玻璃作为室内顶面的一种形式，这主要是为了采光、观赏和美化环境，可以作成圆顶、平顶、折面顶等形式。给人以明亮、清新、室内见天的神奇感觉。

【课后讨论】

1. 请简要说明吊顶龙骨安装原则有哪些？
2. 吊顶饰面板安装应注意哪些质量控制要点？
3. 什么是吊顶的起拱？其作用是什么？

任务 2　建筑装饰木地板铺装施工

【任务描述】

木地板与地砖相比脚感好、冬暖夏凉、美观自然。在现代家庭装修中越来越多的人采用木地板铺装卧室、客厅。木地板铺装工程施工就是对地面基层进行处理后，通过不同的铺装方法把木地板铺钉在楼地面上的工程，通常安排在装修工作的最后阶段进行。

【学习支持】

木地板铺装施工应遵循以下施工规范：
《建筑工程施工质量验收统一标准》GB50300-2013
《建筑装饰装修工程施工质量验收规范》GB50210-2011
《建筑工程项目管理规范》GB/T50326-2006
《室内装饰装修材料溶剂型木器涂料中有害物质限量》GB18581-2009
《住宅装饰装修工程施工规范》GB50327-2002
《建筑内部装修设计防火规范》GB50222-95

【知识链接】

木地板的铺装方法可分为实铺式、空铺式（也称悬浮式）。

实铺式是指木地板通过木龙骨与基层相连或用胶粘剂直接贴于基层上，实铺式一般用于2层以上的干燥楼面，整体地板铺覆于建筑地面基层。

空铺式是指木地板通过地垄墙或砖墩等架空再安装，一般用于平房、底层房屋或较潮湿的地面，铺设时仅在板块企口咬接处施以胶粘或采用配件卡接即可连接牢固。

木地板分类较多，当前广泛流行的木地板，主要是实木地板、实木复合地板及木质纤维（或料粒）强化（中密）复合地板。

【学习提示】

1. 施工前先检查混凝土基层的平整度，并修整至达到要求方可继续施工；
2. 施工前检查混凝土基层含水率或防潮隔离层的完好程度。

【学习支持】

目前装修工程中木地板的铺装大多是采用实铺式铺装方法，本节主要介绍木地板的实铺式施工方法

3.2.1 施工准备与前期工作

1. 作业条件

（1）在铺装地板之前应完成顶棚、墙面等湿作业工程，并且干燥程度在80%以上。

（2）在铺装地板之前地面基层应作好防潮、防腐处理，而且铺设前要求室内空间干燥，并必须避免在气候潮湿的情况下施工。

（3）确保室内水暖管道、电器设备及其他室内固定设施安装完毕，并进行试水、试压检查，对电源、通讯、电视等管线进行必要的测试。

（4）在铺装之前应检查室内门扇与地面间的缝隙能否满足木地板的施工，如不满足应刨削门扇下边以适应地板安装。

2. 材料要求

（1）施工材料：

龙骨材料：龙骨通常采用 30～50mm 的松木、杉木等材料。龙骨必须顺直、干燥、含水率小于16%。

防潮垫：防潮垫应该达到国家标准。

面板材料：按设计要求，选用条状或块状的普通实木地板。应采用具有商品检验合格证的产品。选择面板、踢脚板应平直，无断裂、翘曲、尺寸准确，板正面无明显疤痕、孔洞，板条之间质地、色差不宜过大，企口完好。板材含水率应在8%～12%之间。

（2）施工常用的机具

电动圆锯、冲击钻、手电钻、磨光机、刨平机、锯、斧子、锤、凿、螺丝刀、直角尺、量尺、墨斗、铅笔、撬杆及扒钉等。

【任务实施】

3.2.2 施工操作程序与操作要点

1. 工艺流程

基层处理——确定铺装方向——安装木搁栅（木龙骨）——安装防潮——实木地板铺设——踢脚线的安装——扣条等安装——清理保护

2. 操作流程

（1）基层处理：基层不平整应用水泥砂浆找平后再铺贴木地板。基层应达到表面不起砂、不起皮、不起灰、不空鼓，无油渍。不符合要求的，应先处理地面。一般毛坯房地面只需要用扫帚清洁地板灰尘杂物即可（图 3-19）。

图 3-19　检查平整度

（2）确定铺装方向：根据房间窗户的主光线的射入方向和客户的要求，确定木龙骨的铺设方向，木龙骨的铺设方向应和地板呈十字垂直状态（图 3-20）。

图 3-20　确定铺装方向

（3）安装木龙骨：由于室内空间的地面不能确保完全平整，而为了保证实木地板铺装后的水平，木龙骨起到了地面找平的作用，另外，实木地板不宜直接铺装在地面上，也需要安装木龙骨来增加实木地板的脚感。

首先根据木地板的长度和地面宽度来计算木龙骨的间距，木龙骨之间的间距不应超过 40cm（图 3-21）。

图 3-21　计算木龙骨之间的间距

计算好龙骨距离后，合理的把木龙骨固定在地面上，要求电钻打孔的孔间距离不应大于 30cm，孔深度不应大于 60mm，以免击穿楼板，打孔以后的木塞直径要大于电锤钻头的直径，也可以直接用水泥钢钉直接来固定木龙骨。不能用水泥或建筑胶来固定龙骨（图 3-22）。

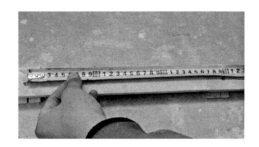

图 3-22　电钻打孔的孔间距

木龙骨两头之间应保留一定的间距，以防止热胀冷缩引起龙骨变形，间距不应超过 5mm。另外木龙骨与墙之间也应该保留一定的伸缩缝，长度在 8～12mm 为宜（图 3-23）。

图 3-23　木龙骨两头之间保留间距

用塞尺测量龙骨与地面的间隙是否过大，如果过大要进行填平（图 3-24）。

图 3-24　用龙骨劈成小块来填平空隙

把劈好的小木块填在龙骨和地面之间用钉子钉牢（图 3-25）。

图 3-25　钉填补木块

把龙骨固定修正完以后用水平尺进行找平。如木龙骨自身不水平，应用工具刨平或者垫平木龙骨头端安装后的必须保证水平平整度的误差每 2m 不应大于 3mm 的标准（图 3-26）。

图 3-26　找平龙骨

（4）实木地板铺设：在铺装实木地板之前。要对每一块即将安装的地板进行检查，如果发现有次品或地板表面有磨损痕迹的都要挑出来，不能使用。

铺装地板之前，因为木龙骨容易受潮生虫，所以在木龙骨之间的缝隙中撒一些干燥剂和防虫粉，也可以撒一些樟木块来防止木龙骨受潮和虫蛀。房间的四个角可多撒一些（图 3-27）。

图 3-27　防虫处理

　　铺装防潮垫：防潮垫能隔离地面的潮气，避免地板在日常使用过程中受到地面潮气而产生的变形（图 3-28）。

图 3-28　铺装防潮垫

　　防潮垫之间交接处应该重叠 50mm 并用胶带粘实，以保证防潮垫铺设完整、牢固，另外，在四周墙角防潮垫应上卷 50mm。

　　防潮垫铺设完以后即可以铺装地板。铺装地板一般先从正对门口的一半装起，这样铺装到最后，地板尺寸整齐，把需要裁锯地板安装的地方留到边角部位，这样不太整齐的地板会被家具挡住，不会影响整体的美观（图 3-29）。

图 3-29　安装地板

在铺装地板时，在地板舌头即凹槽处用电钻打引眼，引眼的直径略小于地板钉的尺寸，一般 910mm 长的地板应该打上四个引眼，用地板钉从引眼拧入固定在木龙骨上。为了保证铺装的美观，应错缝连接（错缝在 30cm 以上最为美观、牢固）。地板钉的长度应该是地板厚度的 2.5 倍（图 3-30）。

图 3-30　打引眼

地板钉以 30°～ 50°角倾斜度打入引眼将实木地板固定在木龙骨上（图 3-31）。

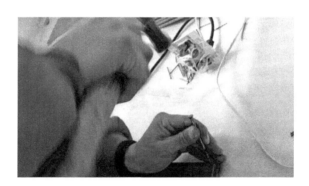

图 3-31　固定地板

铺装到房间四面墙壁处，需要根据剩余空间裁锯地板时，要先用角尺精确量好尺寸的大小（图 3-32）。

图 3-32　精确下料

为了防止裁锯地板时锯末四溅，污染室内的墙面和地面，应用地板的包装盒或其他废弃物制成的垃圾盒，在垃圾盒中锯地板（图 3-33）。

图 3-33　在垃圾盒中锯地板

由于房间内墙面有时也会出现不水平的情况，而且最靠近墙面的一排木地板不能采用钉子钉的方法来进行固定，因此需要在地板和墙面缝隙比较大的地方顶入木塞，利用木塞来固定和找平，使地板铺装更加牢固和美观（图 3-34、图 3-35）。

图 3-34　利用木塞来固定和找平地板

图 3-35　铲除多余木楔

如果铺装地板的施工量过大，不能在一天之内完成，当天拆包后而又未安装完毕的地板应该放回包装盒里，防止地板受潮。

（5）踢脚线的安装：实木踢脚线在进行　　安装时，需要在墙上打入木塞，再用钉子透过踢脚线将踢脚线钉在木塞里（图 3-36）。

图 3-36　钉踢脚线

每间隔 40cm 钉一个钉，为保证踢脚线的美观，所选用的钉子应采用无头钉，如有钉头应该在钉入踢脚线之前将钉头剪断再钉入，最后所留钉眼也要和踢脚线做同色处理，尽量减少施工痕迹。阴阳角要对缝。

（6）扣条等安装：门扣条应该安装在门的正下方，关闭门后里外都不留边为宜，扣条和门的底部间隙在 3 ~ 7mm 之间，门能开闭自如，扣条安装要牢固、稳定，可以用脚踢一下扣条的中间部位，检查扣条两边是否翘起或松动，有无异常。

【知识链接】

（1）在扣条上量出所需要的尺寸，然后进行裁剪。

（2）将扣条立面插入木地板与过门石（或木地板与地砖）对接的缝隙里，用小木锤或橡胶锤将其轻敲紧贴于。

（3）轻轻掀起扣条的水平面，在其底部注入玻璃胶，在扣条的水平面上放上重物（如瓷砖片、大理石片等）使其与地板更好的粘合。

（4）待玻璃胶干后取下重物。剔除玻璃胶毛边。

（7）清理保护：在实木地板安装完成以后，将现场打扫干净，避免尖锐物品划伤实木地板表面。

【学习支持】

3.2.3　施工质量控制要求

1. 安装木地板所选用的木龙骨、实木地板、踢脚线、防潮垫、进场后应该检查其合格证，主要核查材质、规格、数量、并严格控制其含水率。

2. 铺装前务必做好地面的防潮处理

3. 木龙骨的选用必须采用干燥的木方条，木材握钉力要好，软硬适当。安装时绝不可用水泥圈抱或黄沙填充，水泥圈抱因其水分过高，会造成木龙骨和实木地板变形及发霉。

4. 龙骨和实木地板铺装时，均需预留伸缩缝。四周墙壁须留 1cm 左右的间隙，以容木地板在空气中随湿度的变化产生自然的伸缩。

5. 禁止使用白乳胶等含水粘合剂粘地板，因为此类胶水会造成木地板再次吸湿而发生变形和起拱。

6. 安装地板前需在地面铺设有管线处作出标识，以避免出现将管线钉破问题。

7. 地板与地砖之间不能出现高低差，铺装前应根据设计要求对各房间地面标高进行放线，在四周墙面上画出地板标高线，施工时严格按照标高线进行施工。

3.2.4 常见工程质量问题及防治方法

木地板湿胀起拱

表面现象：木地板板面局部向上拱起，或某几块木地板向上拱起。

原因分析：

1. 连续阴雨天气，空气中相对湿度偏高，未采取排湿措施，空气中水分被木地板吸收后吸湿膨胀；

2. 木地板受到水浸后吸湿膨胀；

3. 房屋长期空置，无人居住，通风不良，粉刷层中水分蒸发无处散发被木地板吸收后吸湿膨胀；

4. 基层混凝土含水率过高，防潮隔离层未封密而吸湿膨胀；

5. 木地板铺装时相邻板块之间、木地板与墙面之间未按要求预留伸缩缝或伸缩缝过小，受潮湿空气后吸湿膨胀起拱，甚至漆面挤裂；

6. 木地板铺装面积较大或较宽，未采取分段措施。

预防措施：经常开窗通风，并按规定预留构造伸缩缝、分段缝和调整相邻板块间预留伸缩缝。

木地板板面产生裂缝

表面现象：木地板漆面出现细小裂纹，严重者造成漆膜剥离。

原因分析：

1. 当气候变化较大时，造成木地板含水率过大或过低，木地板出现干缩或湿胀，漆膜弹性跟不上木地板湿胀或干缩变化，而致漆膜开裂；

2. 木地板受太阳曝晒或长期风吹，木地板出现干缩现象，漆膜弹性跟不上木地板干缩，而致漆膜起皱开裂；

3. 木地板受潮膨胀，木地板吸湿后含水率增大，木地板出现湿胀现象，漆膜弹性不能配合木地板膨胀，而致漆膜拉裂。

预防措施：选择质量好的生产企业的木地板，其漆膜的附着力、弹性、耐磨性均能得到保证。

解决方案：少量漆膜开裂，可进行补漆修复。如开裂面积较大，可磨平后重新油漆。如单块木地板漆膜裂痕较长，可单块更换木地板。

行走时木地板有声响

表现现象：木地板铺装后，走路时发生咯吱咯吱的摩擦响声，或发生单声的挤压爆裂声等。

原因分析：

1.混凝土基层不平整、垫木间距过大、龙骨垫层过高、龙骨未整体坐落在基层上等综合原因，使经常走动部位垫木松动，龙骨弹性增大，发生上下位移，造成龙骨铺装牢固度降低；

2.龙骨铺装时含水率过高，逐步干燥后含水率降低，木材的握钉力同时降低，龙骨安装出现松动；

3.混凝土基层含水率过高，并未铺装防潮隔离层或防潮隔离层未整体密封，使龙骨吸潮，含水率增加，发生扭曲，龙骨安装出现松动；

4.龙骨材质密度过低或截面积太小造成握钉力不足，铁钉直径太小，长度太短，龙骨铺装平整度不符合要求，造成安装牢固度不足；

5.木地板榫和槽因气候变化木地板湿胀干缩时，榫槽脱离，不起作用，过紧时在湿胀时相互摩擦；

6.气候过度干燥使木地板、龙骨的握钉力减弱，木地板榫槽间连接松动，过度潮湿使木地板横向膨胀，产生膨胀轻微挤压起拱，使龙骨固定松动，同样使握钉力减弱；

7.某些树种的化学成分复杂，含脂量高，摩擦时产生咯吱咯吱高频率响声；

8.安装工艺不规范。

预防措施：

1.施工前先检查混凝土基层的平整度，并修整至达到要求方可继续施工；

2.施工前检查混凝土基层含水率或防潮隔离层的完好程度；

3.检查龙骨的截面尺寸和含水率；

4.龙骨铺装时接触混凝土基层面积越大，安装就越牢固，垫枕部分越多、垫枕越高，越容易发生松动。

解决方案：施工条件和隐蔽工程要加强验收，保证混凝土基层的平整度和防潮隔离层的完好；如仅发生过度潮湿或过度干燥气候时，待气候正常时观察。如无明显声响，则不必修整。

木地板翘弯变形

表面现象：木地板横向两边向上翘起，似瓦片状。

原因分析：

1.混凝土基层含水率或邻近墙体含水率过高；

2. 施工中混凝土基层曾泼水、拌含水材料等，造成混凝土基层含水率增高；

3. 未按要求采取防水、防潮隔离阻断措施；

4. 龙骨含水率过高，蒸发的水分被木地板背面吸湿；

5. 木地板面层下铺设水管渗漏、室内温差形成冷凝水等；

6. 木地板表面用湿布拖拭。

预防措施：混凝土基层须达到含水率要求后方能施工，含水率超标时必须铺装防潮隔离层，防潮隔离层应做到整体密封，并采取防水防潮隔离阻断措施。

解决方案：拆下房间四周木地板让其散潮，可部分缓解变形，对变形严重的木地板予以更换；若木地板变形面积较大，可拆下所铺装木地板，待混凝土基层或龙骨、干燥后重新铺装。对原有可用木地板重新铺装，影响使用的木地板予以更换。

木地板干缩离缝

表面现象：安装一段时间后，木地板榫槽间出现离缝现象。

原因分析：

1. 气候连续高温干燥等不正常气候环境，木地板解湿过快，未采取增湿措施；

2. 阳光曝晒，长期吹风等不正常环境因素，造成木地板过度解湿干缩；

3. 房间较长时间关闭，无潮湿空气补充，室内空气干燥；

4. 在潮湿天气铺装时相邻板块间铺装间隙过大，遇干燥天气时，出现更大干缩离缝。

预防措施：选择稳定性较好的木地板材料和含水率控制在适合当地的平衡含水率要求；木地板相邻板块伸缩缝间计算并掌握施工时气候条件，适当预留或不留伸缩缝；防太阳曝晒，不宜长期关闭门窗不通风，或局部集中吹风。

解决方案：不影响使用功能时，可等木地板的含水率与空气中的相对湿度相平衡后，视情况采取拆、重铺方案；或者全部拆开重铺，按要求设置相邻板块伸缩缝。

其他常见问题（表3-2、表3-3）

1. 有空鼓响声的原因是固定不实所致，主要是毛板与龙骨、毛板与地板钉子数量少或钉得不牢，有时是由于板材含水率变化引起收缩或胶液不合格所致。因此，严格检验板材含水率、胶粘剂等质量的过程就显得尤为重要。检验合格后才能使用，安装时钉子不宜过少。

2. 表面不平的主要原因是基层不平或地板条变形起鼓所致。在施工时，应用水平尺对龙骨表面找平，如果不平应垫木调整。龙骨上应做通风小槽。板边距墙面应留出10mm的通风缝隙。保温隔音层材料必须干燥，防止木板受潮后起鼓。木地板表面平整度误差应在1mm以内。

3. 拼缝不严的原因除了施工中安装不规范外，板材的宽度尺寸误差大及加工质量差也是重要原因。

4. 局部翘鼓的主要原因除板子受潮变形外，还有毛板拼缝太小或无缝，使用中，水管等漏水泡湿地板所致。地板铺装后，涂刷地板漆应漆膜完整，日常使用中要防止水流入地板下部，要及时清理面层的积水。

5.地板在切割过程中应使用环保工具，避免有害物质木屑、粉尘、甲醛造成的危害。

实木地板铺装质量要求 表 3-2

项目	测量工具	质量要求
表面平整度	2m 靠尺（或细线绳）和钢板尺，其中钢板尺精度为 0.5mm	≤ 3mm/2m
拼装高度差	塞尺，精度为 0.02mm	≤ 0.5mm
拼装离缝	塞尺，精度为 0.02mm	≤ 0.5mm
地板与墙及地面附着物间的间隙	钢板尺，精度为 0.5mm	（8 ～ 12）mm
漆面	——	无损伤，无明显划痕，无明显胶斑
异响	——	主要行走区域不明显

踢脚线安装质量要求 表 3-3

项目	测量工具	质量要求
踢脚线与门框的间隙	钢板尺，精度为 0.5mm	≤ 2mm
踢脚线拼缝间隙	塞尺，精度为 0.02mm	≤ 1mm
踢脚线与地板表面的间隙	塞尺，精度为 0.02mm	≤ 3.0mm
同一面墙踢脚线上沿直线度	5m 细线绳和钢板尺，其中钢板尺精度为 0.5mm	≤ 3.0mm/5m（墙宽不足 5m 时，按 5m 计算）
踢脚线接口高度差	钢板尺，精度为 0.5mm	≤ 1.0mm

【评价】

通过实训操作进行考核评价，按时间、质量、安全、文明、环保要求进行考核。首先学生按照表 3-4 项目考核评分，先自评，在自评的基础上，由本组的同学互评，最后由教师进行总结评分。

项目综合实训考核评价表 表 3-4

姓名： 总分：

序号	考核项目	考核内容及要求	评分标准	配分	学生自评	学生互评	教师考评	得分
1	时间要求	270 分钟	不按时无分	10				
2	质量要求	搁栅固定	1.不能正确使用工具扣 10 分 2.木龙骨固定不规范扣 15 分	10				
		防潮垫的铺设	1.防潮垫铺设平整扣 10 分 2.防潮垫接缝处处理不规范扣 5 分	30				
		安装实木地板	1.安装不规范扣 15 分 2.实木地板不平整扣 15 分	30				

续表

序号	考核项目	考核内容及要求	评分标准	配分	学生自评	学生互评	教师考评	得分
2	质量要求	安装踢脚线和扣条	1. 踢脚线固定不准确扣 10 分 2. 扣条安装不规范 10 分	20				
3	安全要求	遵守安全操作规程	不遵守酌情扣 1~5 分					
4	文明要求	遵守文明生产规则	不遵守酌情扣 1~5 分					
5	环保要求	遵守环保生产规则	不遵守酌情扣 1~5 分					

注：如出现重大安全、文明、环保事故，本项目考核记为零分。

【知识链接】

1. 木地板的优点：

（1）自然美观：树木吸收日月之精华，是地球的守护者。木材是天然的，是"绿色"的，本身无污染。有的木材本身还具有芳香酊，能够释放出有益健康的香气。而且木材属于易降解物质，废弃地板极易被土壤消纳吸收。各种木材具有不同的年轮、纹理，能够构成各种美丽的画面，给人一种回归自然、返朴归真的感觉。

（2）质轻性柔：木地板质量轻，因而运输、铺设十分方便。木地板虽然在视觉上给人以硬朗的感觉，全是它具有较强的柔韧性，在使用中给人柔和的感觉。很多练功房都使用木地板，就是因为木材与人体的冲击、抗力都比其他材料柔和，有益于人体的健康，保护老人和小孩的居住安全。

（3）可调节温湿度：木材本身会"呼吸"，它可以吸纳空中的水分并能蒸发水分，因而可以维护环境的温度在人体感觉舒适的范围之内。同时由于木材的导热系数小，故作为地面材料它有很好的调温作用，特别是在寒冷的冬天，在户内活动的人不会感到僵脚，不会像强化地板那样踩上去觉得冷冰冰的。木材还不易导热，保温性能比混凝土好许多。

（4）耐久性强：优质的木地板使用年限很长，因为木材的抗震性与耐腐性经科技的处理不次于其他建筑材料，有许多著名的老建筑物经千百年的风吹雨打仍然屹立如初，许多以前的木制船长期浸泡在水里到现在仍然坚固。

（5）环保：由于其取自于天然木材，没有放射性，不含甲醛，故对人体没有任何危害。只要是正规厂商生长的产品，基本上不用考虑环保性，这一特点也正是很多家庭看重实木地板的原因。

（6）在人身保护上：有小孩和老人的家庭中，由于小孩的调皮活泼好动和老人的行动不便，容易产生摔倒和碰擦的家庭小事故，那么地砖对老人、小孩的伤害无疑要比地板严重的多。

2. 木地板的分类

实木地板：实木地板是用天然材料——木材，不经过任何粘结处理，用机械设备加工而成的,该地板木的特点是保持天然材料——木材的性能。实木地板常见的有平口地板、企口地板、指接地板、集成指接地板(图 3-37)。

图 3-37　实木地板

实木复合地板:实木复合地板是总称,实际上它又可分为多层实木复合地板、三层实木复合地板。该类地板结构独特,使它具有很好的稳定性不用担心受潮、变形。实木复合地板独特的结构,对木材的要求没有那么高,并且能充分利用材料,因此价格比实木地板的要低很多。

缺点:环保较差,实木复合地板独特的结构,使得它在生产过程中要利用到大量的胶水,然而胶水里就含有对人体有害的化学物质如甲醛等。

多层实木复合地板:地板的结构是以多层实木胶合板为基材,在其基材上覆贴一定厚度的珍贵材薄片镶拼板或刨切单板为面板,通过合成树脂胶——脲醛树脂胶或酚醛树脂胶热压而成,再用机械设备加工成地板(图 3-38)。

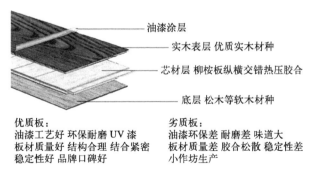

图 3-38　多层实木复合地板

三层实木复合地板:地板的结构就像"三明治"一样,即表层采用优质珍贵硬木规格板条的镶拼板,中心层的基材采用软质的速生材,底板采用速生材杨木或中硬杂木。三层板材通过合成树脂胶热压而成,再用机械设备加工成地板(图 3-39)。

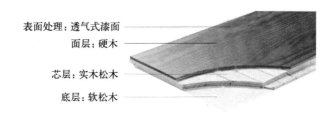

表面处理：透气式漆面
面层：硬木
芯层：实木松木
底层：软松木

图 3-39　三层实木复合地板

强化木地板：强化木地板的学名为浸渍纸层压木质地板。它也是三层结构：表层是含有耐磨材料的三聚氰胺树脂浸渍装饰纸，芯层为中、高密度纤维板或刨花板，底层为浸渍酚醛树脂的平衡纸。三层通过合成树脂胶热压而成，此类地板的特点，耐磨性与尺寸稳定性较好。但当铺设面积过大时容易起拱，板与板之间的边角容易折断或磨损（图 3-40）。

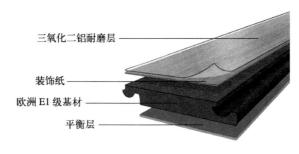

三氧化二铝耐磨层
装饰纸
欧洲 E1 级基材
平衡层

图 3-40　强化木地板

竹地板

（1）竹材地板。此类地板虽然采用的材料是竹材，但竹材也属于植物类，含有纤维素、木质素等成分，因此，历来人们把竹材放到木材学中，所以其材料虽然不是木材，但也归在木地板行列中。竹材的特点是耐磨，比重大于传统的木材，经过防虫、防腐处理加工而成，颜色有漂白和碳化两种（图 3-41）。

图 3-41　竹材地板

（2）竹木复合地板。此类地板表层和底层都是竹材，中间为软质木材，通常采用杉木，该类结构的地板不易变形（图3-42）。

图 3-42　竹木复合地板

软木地板：软木地板实际上不是用木材加工成地板，而是以栓皮栎树的树皮为原料，经过粉碎，热压而成板材，再通过机械设备加工成地板。这种板材外形类似于软质厚木板，因此，人们误称其为"软木"一直延续到现在，故人们至今还把该地板称为软木地板。其特点是轻、软、足感好（图3-43）。

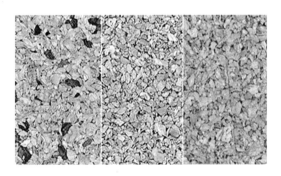

图 3-43　软木地板

【课后讨论】

1. 相较于地砖，木地板有哪些优点？
2. 安装木地板前要进行哪些准备工作？
3. 地龙骨的施工质量控制是什么？

任务3 建筑装饰隔墙工程

【任务描述】

　　隔墙是分隔建筑物内部空间的非承重墙体，建筑物本身重量由楼板或梁来承担。在室内装饰施工中，隔墙工程是空间设计有隔墙时，在设计需要的地方先安装龙骨，然后再铺设管线及饰面材料，最后作面层装饰的施工。隔墙要求自重轻，厚度薄，有隔声和防火性能，便于拆卸。

【学习支持】

装饰隔墙工程施工应遵循以下施工规范：

《建筑工程施工质量验收统一标准》GB50300–2013

《建筑装饰装修工程施工质量验收规范》GB50210–2011

《建筑工程项目管理规范》GB/T50326–2006

《建筑安装分项工程施工工艺规程》DBJ01–26–2003

《住宅装饰装修工程施工规范》GB50327–2002

《建筑内部装修设计防火规范》GB50222–95（2001年修订版）

【知识链接】

室内隔墙施工主要有轻钢龙骨、木龙骨及砖砌三种形式。

　　1. 木龙骨隔断墙：木龙骨隔断墙是以红、白松木做骨架，以石膏板或木质纤维板、胶合板为面板的墙体，它的加工速度快，劳动强度低，重量轻，隔声效果好，应用广泛。

　　2. 轻钢龙骨隔断墙：以轻钢龙骨为骨架，以纸面石膏板为基层面材组合而成，面部可进行乳胶漆、壁纸、木材等多种材料的装饰。

　　3. 砖砌隔墙：是指用普通黏土砖、空心砖、加气混凝土砌块、玻璃砖等块材砌筑而成的非承重墙。砖砌隔墙由于重量大，湿作业，时间较长，除在改造卫生间、厨房时使用，一般不宜在室内使用。

【学习提示】

　　在室内装修中，进行空间布局的调整和设计时，经常使用轻钢龙骨隔断墙，如大室内空间的分割，非承重墙的改动、移位，复式居民楼楼梯的遮掩等。本节主要介绍轻钢龙骨隔墙的施工。

【学习支持】

3.3.1 施工准备与前期工作

1. 作业条件

（1）隔墙施工前应先完成基本的验收工作，石膏罩面板安装应待屋面、顶棚和墙面抹灰完成后进行。

（2）设计要求隔墙有地枕带时，应待地枕带施工完毕，并达到设计程度后，方可进行轻钢骨架安装。

（3）根据设计施工图和材料计划，查实隔墙的全部材料，使其配套齐备。

（4）所有的材料，必须有材料检测报告、合格证。

2. 材料要求

（1）轻钢龙骨主件：沿顶龙骨、沿地龙骨、加强龙骨、竖向龙骨、横向龙骨，均应符合设计要求。

（2）轻钢骨架配件：支撑卡、卡托、角托、连接件、固定件、附墙龙骨、压条等附件应符合设计要求。

（3）紧固材料：射钉、膨胀螺栓、镀锌自攻螺钉、木螺钉和粘结嵌缝料应符合设计要求。

（4）填充隔声材料：按设计要求选用。

（5）罩面板材：纸面石膏板规格、厚度由设计人员或按图纸要求选定。

3. 施工机具

直流电焊机、电动无齿锯、手电钻、电锤、螺丝刀、射钉枪、线坠、角尺、卷尺、夹钳、水平仪、墨斗、铅笔、板锯、美工刀、刮刀等。

【任务实施】

3.3.2 施工操作程序与操作要点

1. 工艺流程

隔墙放线→安装沿地龙骨和沿顶龙骨→安装竖向龙骨→安装横向卡挡龙骨及贯通横撑龙骨→安装围幔龙骨→安装石膏罩面板→接缝施工→面层找平。

2. 操作工艺

（1）隔墙放线：根据设计施工图，在已做好的地面上放出隔墙位置线、门洞口边框线，并放好顶龙骨位置边线。

首先要根据设计图纸，在室内地面弹出墙体的位置线，并将线引至侧墙和顶棚，地上弹线应弹出双线，即墙的两个垂面在地面上的投影都要弹出（图 3-44）。

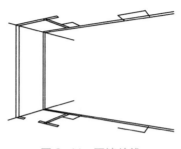

图 3-44　隔墙放线

其次要做墙垫,以保证骨架和地面吻合。具体做法是:先清理地面的接触部分,涂刷一遍 YJ302 型界面处理剂,随即打素混凝土墙垫,墙垫的上表面应平整,两侧应垂直。

(2)安装沿地龙骨和沿顶龙骨:按已放好的隔墙位置线,按线安装顶龙骨和地龙骨。

固定沿地、沿顶龙骨,可采用射钉或钻孔用膨胀螺栓固定,间距一般以 600mm 为宜,射钉位置应避开原基层中已敷设的暗管(图 3-45)。

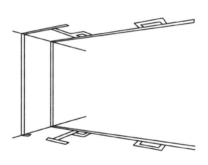

图 3-45　安装沿地龙骨和沿顶龙骨

(3)安装竖向龙骨:竖龙骨的安装间距应按限制高度的规定选用,采用暗接缝时龙骨间距应增加 6mm,如采用明接缝时,龙骨间距按明接缝宽度确定。需要吊挂物品的墙面,龙骨间距应该缩短,一般为 300mm,竖龙骨应由墙的一端开始排列,当最后一根龙骨距墙的距离大于规定龙骨间距时,必须增设一根龙骨。竖龙骨上下端应与沿地、沿顶龙骨用圆钉固定,现场需裁截龙骨时,一律由龙骨上端开始。冲孔位置不能颠倒,并保证各龙骨冲孔在同一水平线上。

【知识链接】

1.分档:按罩面板的规格 1200mm 板宽,分档规格尺寸为 400mm,不足模数的分档应避开门洞框边,第一块罩面板位置。

2.安装:按分档位置及门洞位置安装竖龙骨,竖龙骨上下两端插入沿顶、沿地龙骨,调整垂直及定位准后,用抽芯铆钉固定(图 3-46)。

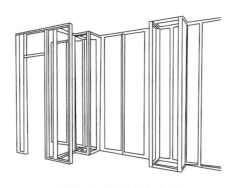

图 3-46 安装竖向龙骨

安装门框立柱时，应根据设计确定的门框立柱形式进行组合，在安装立柱的同时，应将门框与立柱一起就位固定。窗框的安装方法同门框一样。

（4）安装横向卡挡龙骨及贯通横撑龙骨：根据设计要求，隔墙高度在 1.95m 以上时应加横向卡挡龙骨，采用抽芯铆钉或螺栓固定。

当隔墙采用通贯系列龙骨时，竖龙骨安装后装设通贯龙骨，在水平方向从各条竖龙骨的贯通孔中穿过。在竖龙骨的开口面用支撑卡作稳定并锁闭此处的敞口。对非支撑卡系列的竖龙骨，通贯龙骨的稳定可在竖龙骨非开口面采用角托，以抽芯铆钉或自攻螺钉将角托与竖龙骨连接并托住通贯龙骨。

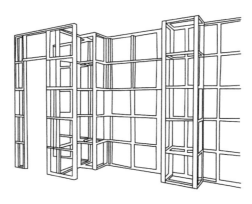

图 3-47 安装横向卡挡龙骨及贯通横撑龙骨

横撑龙骨与竖龙骨的连接，主要采用角托，在竖龙骨背面以抽芯铆钉或自攻螺钉进行固定，也可在竖龙骨开口面以卡托相连接。

（5）安装围幔龙骨

根据设计要求，在立向龙骨间固定围幔龙骨或连接木质基层。采用抽芯铆钉或枪钉进行固定。

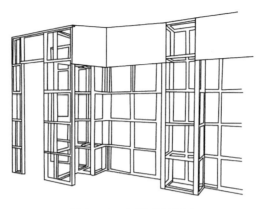

图 3-48　安装围幔龙骨

（6）安装石膏板罩面

从门口处开始，无门洞口的墙体由墙的一端开始，石膏板一般用自攻螺钉固定，板边钉距为 150mm，板中间距为 300mm，螺钉距石膏板边缘的距离不得小于 10mm，也不得大于 16mm，自攻螺钉固定时，钉头需钉入板内，纸面石膏板必须与龙骨紧靠。

安装石膏板时，应从板的中部向板的四边固定，钉头略埋入板内，但不得损坏纸面。钉眼最后用石膏腻子抹平。石膏板宜使用整板。如需对接时，应紧靠，不得强压就位。

石膏板宜竖向铺设，长边（即包封边）接缝应落在竖龙骨上。若隔墙为防火墙时，石膏板应竖向铺设。曲面隔墙石膏板安装宜横向铺设。龙骨两侧的石膏板及龙骨一侧的内外两层石膏板应错缝排列，接缝不得落在同一根龙骨上（图 3-49）。

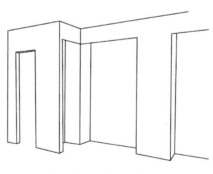

图 3-49　安装石膏板罩面

隔墙端部的石膏板与周围的墙或柱应留有 3mm 的槽口。施工时，先在槽口处加注嵌缝膏，然后铺板，挤压嵌缝膏使其和邻近表层紧密接触。安装防火墙石膏板时，石膏板不得固定在沿顶、沿地龙骨上，应另设横撑龙骨加以固定。

隔墙板的下端如用木踢脚板覆盖，罩面板应离地面 20 ～ 30mm；用大理石、水磨石踢脚板时，罩面板下端应与踢脚板上口齐平，接缝严密。

铺放墙体内的玻璃棉、矿棉板、岩棉板等填充材料，与安装另一侧纸面石膏板同时进行，填充材料应铺满铺平。

（7）接缝施工：纸面石膏板墙接缝做法有三种形式，即平缝、凹缝和压条缝。

纸面石膏板安装时，其接缝处应适当留缝（一般 3 ~ 6mm），并必须坡口与坡口相接。接缝内浮土清除干净后，刷一道 50% 浓度的 108 胶水溶液（图 3-50）。

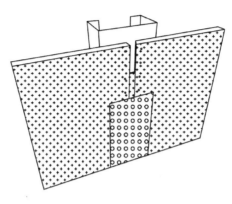

图 3-50　接缝施工

用小刮刀把接缝腻子嵌入板缝，板缝要嵌满嵌实，与坡口刮平。当腻子开始凝固又尚处于潮湿状态时，再刮一道腻子，将玻纤带埋入腻子中，压实刮平并将板缝填满刮平。

阳角粘贴两层玻纤布条，角两边均拐过 100mm，粘贴方法同平缝处理，表面亦用腻子刮平（图 3-51）。

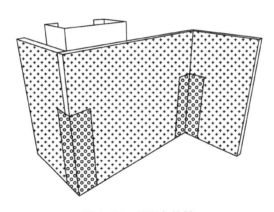

图 3-51　阴阳角接缝

当设计要求作金属护角条时，按设计要求的部位、高度，先刮一层腻子，随即用镀锌钉固定金属护角条，并用腻子刮平。

待板缝腻子干燥后，检查板缝是否有裂缝产生，如发现裂纹，必须分析原因，采取有效的措施加以克服，否则不能进入板面装饰施工。

（8）面层找平：用石膏粉将石膏板表面找平。

根据平整度控制线，在石膏板上刮涂石膏粉腻子。粉刷石膏使用前，应按照说明书上的要求，将粉刷石膏按照一定的比例搅拌均匀，并在规定的时间范围内使用完毕。如果满刮厚度超过10mm，将需要再满贴一遍玻纤网格布后才能继续刮涂施工（图3-52）。

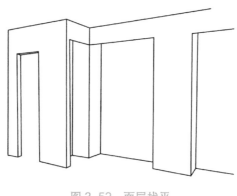

图3-52　面层找平

待粉刷石膏干燥后，将面层粉刷石膏按要求搅拌均匀，满刮在墙面上，将粗糙的表面填满补平。每刮一遍粉刷石膏不宜超过6mm厚，刮下一遍粉刷石膏时，必须等到上一遍彻底干燥后，方可进行。墙面粉刷石膏抹灰的总厚度不可超过25mm。

【学习支持】

3.3.3　施工质量控制要求

1. 骨架隔墙所用龙骨、配件、墙面板、填充材料及嵌缝材料的品种规格性能均应符合设计要求。有隔声、隔热、阻燃、防潮等特殊要求的工程材料应有相应性能等级的检测报告。

2. 骨架隔墙工程边框龙骨必须与基体结构连接牢固，并应平整、垂直、位置正确。

3. 骨架隔墙中龙骨间距和构造连接方法应符合设计要求。骨架内设备管线的安装、门窗洞口等部位加强龙骨应安装牢固、位置正确，填充材料的设置应符合设计要求。

4. 骨架隔墙的墙面板应安装牢固。无脱层、翘曲、折裂及缺损。隔墙表面应平整光滑、色泽一致、洁净、无裂缝，接缝应均匀、顺直。

5. 墙面板所用接缝材料和接缝方法应符合设计要求。

6. 骨架隔墙上的孔洞、槽、盒应位置正确、套割吻合、边缘整齐。

7. 轻钢龙骨隔墙施工中，工种间应保证已装项目不受损坏，墙内电管及设备不得碰动错位及损伤。

8. 轻钢骨架及纸面石膏板入场，存放使用过程中应妥善保管，保证不变形，不受潮不污染无损坏。

9. 施工部位已安装的门窗、地面、墙面等应注意保护、防止损坏。

10. 已安装完的墙体不得碰撞，保持墙面不受损坏和污染。

3.3.4 常见工程质量问题及防治方法。

1. 板缝开裂

（1）原因分析：墙体过长，温差过大，轻钢骨架连接不牢。

（2）预防措施：超过 6m 的墙体应设控制变形缝，进入冬季采暖期应控制供热温度，注意开窗通风，防止温差和湿度过大造成墙体变形裂缝，轻钢龙骨架必须连接牢固，节点严格按设计要求及构造要求施工。

2. 墙板面不平、裂缝凹凸不均

（1）原因分析：龙骨安装横向错位，石膏板厚度偏差大。

（2）预防措施：龙骨安装应拉通线，上下弹好墨线，石膏板安装设专人验收质量，检测厚度，注意板块分档尺寸，保证板间分缝一致。

【评价】

通过实训操作进行考核评价，按时间、质量、安全、文明、环保要求进行考核。首先学生按照表 3-5 项目考核评分，先自评，在自评的基础上，由本组的同学互评，最后由教师进行总结评分。

项目综合实训考核评价表　　　　　　　　　　　　　表 3-5

姓名：　　　　　　　　　　　　　　　　　　　　　　　　　　　　　　总分：

序号	考核项目	考核内容及要求	评分标准	配分	学生自评	学生互评	教师考评	得分
1	时间要求	270 分钟	不按时无分	10				
2	质量要求	隔墙放线	1. 处理不规范扣 5 分 2. 技术准备不充分扣 5 分	10				
		安装沿地、顶龙骨、竖龙骨、横向卡挡龙骨和贯通龙骨	1. 不能正确使用工具扣 10 分 2. 不符合施工规范扣 10 分 3. 龙骨连接不牢固扣 10 分	30				
		安装石膏罩面板	1. 安装不规范扣 15 分 2. 面板安装不平整扣 15 分	30				
		接缝施工	1. 分缝不正确扣 10 分 2. 阴阳角接缝不规范扣 10 分	20				
3	安全要求	遵守安全操作规程	不遵守酌情扣 1～5 分					
4	文明要求	遵守文明生产规则	不遵守酌情扣 1～5 分					
5	环保要求	遵守环保生产规则	不遵守酌情扣 1～5 分					

注：如出现重大安全、文明、环保事故，本项目考核记为零分。

【知识链接】

1.隔墙与隔断:隔墙和隔断都是具有一定功能和装饰作用的建筑配件,均为非承重构件。是对环境空间重新分割组合、引导与过渡的重要手段。

2.隔墙与隔断的区别

(1)分隔空间的程度与特点不同:隔墙到顶,较大程度上限定空间,又能在一定程度上满足隔声、遮挡视线等要求。隔断限定空间程度较弱,在隔声、遮挡视线等方面往往并无要求。

(2)拆装灵活性不同:隔墙一旦设置,不可变动。隔断则比较容易移动和拆装,有活动隔断。

3.隔墙的分类:隔墙可分为砌块式隔墙、立筋式隔墙、板材式隔墙。

(1)砌块隔墙是指采用普通黏土砖、空心砖、加气混凝土块、玻璃砖等块材砌筑而成的隔墙,其构造简单,应用时要注意块材之间的结合、墙体稳定性、墙体重量及刚度对结构的影响等问题。

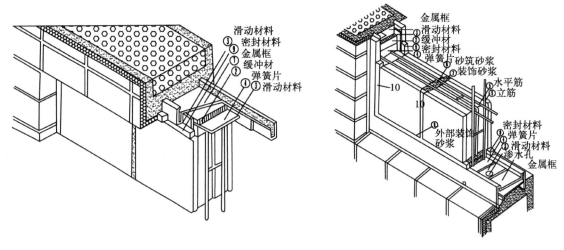

图 3-53　玻璃砖隔墙

图3-53为玻璃砖隔墙构造图。采用玻璃砖做隔墙时,因玻璃砖两侧有凸槽,可嵌入水泥或沥青砂浆,将玻璃砖拼装在一起。

(2)立筋式隔墙:立筋隔墙是由木骨架或金属骨架及板材构成。

1)木骨架隔墙

木龙骨由上槛、下槛、立筋、斜撑或横档构成。立筋靠上下槛固定。木料断面通常为50mm×70mm或50mm×100mm,依房间高度不同而选用。沿立筋高度方向每隔1.5m左右设斜撑一道,与立筋撑紧、钉牢。如表面是铺钉面板,则改斜撑为水平横档。立筋与横档间距视饰面材料规格而定,通常取400、450、500mm及600mm。一般取

450mm 或 600mm（图 3-54）。

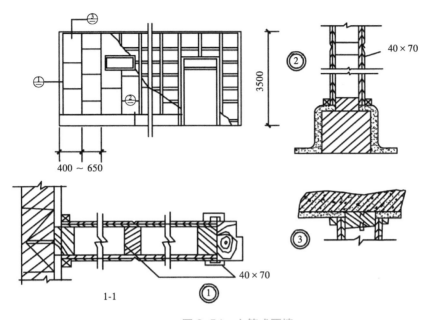

图 3-54　立筋式隔墙

2）金属骨架隔墙

金属龙骨是在金属墙筋外铺钉面板而制成的隔墙，金属墙筋一般采用薄壁型钢、铝合金或拉眼钢板制作。

金属墙筋面板隔墙的骨架一般由沿顶龙骨、沿地龙骨、竖向龙骨、横撑龙骨和加强龙骨及各种配件组成。构造做法是用沿顶、沿地龙骨与沿墙（柱）龙骨构成隔墙边框，中间设竖龙骨，如需要还可加横撑龙骨和加强龙骨，龙骨间距一般为 400 ~ 600mm，具体间距根据面板尺寸而定（图 3-55）。

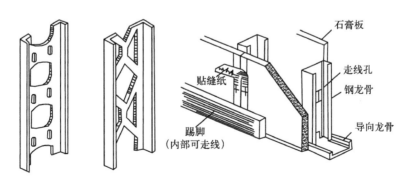

图 3-55　金属龙骨

安装固定沿地龙骨、沿顶龙骨有两种构造方式：一种是在楼地面施工时上下设置预埋件，另一种是采用膨胀螺栓或射钉来固定，墙筋、横档之间则靠各种配件或抽芯铆钉相互连接，面板与骨架的固定方式有钉、粘、卡三种。金属墙筋面板隔墙的主要优点是强度高、刚度大、变形小、防火性能好、自重轻、整体性好，易于加工和大批量生产，还可以根据需要拆卸和组装。

（3）板材式隔墙：板材式隔墙是不用骨架，而用厚度比较厚、高度相当于房间净高的板材拼装而成的隔墙（在必要时可按一定间距设置一些竖向龙骨，以增加其稳定性）。目前条板隔墙采用的材料有很多（如加气混凝土条板、石膏条板、碳化石灰板、泰柏板等），以及各种复合板（如纸面蜂窝板、纸面草板等）。

板材式隔墙固定方式有：将隔墙与地面直接固定、通过木肋与地面固定和通过混凝土肋与地面固定（图 3-56）。

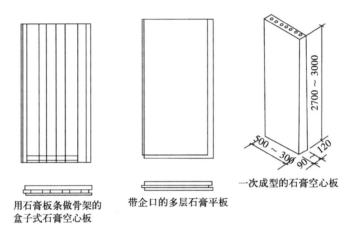

图 3-56　板材式隔墙

如：加气混凝土条板隔墙

当加气混凝土隔墙设门窗洞口时，门窗框与隔墙连接，多采用胶粘圆木的做法。在条板与门窗框相连接的一侧钻孔，孔径 25～30mm，孔深 80～100mm，孔内用水湿润后将涂满 108 胶水泥砂浆的圆木塞入孔内，然后用圆钉或木螺钉将门窗框紧固在圆木上（图 3-57）。

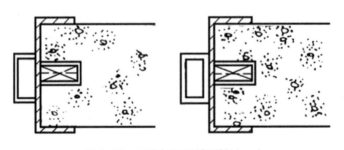

图 3-57　门窗框与隔墙连接（一）

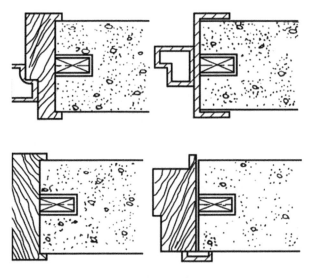

图 3-57　门窗框与隔墙连接（二）

【课后讨论】

1. 请简要说明轻钢龙骨隔墙施工原则有哪些?
2. 如何正确进行隔墙面板的铺装?
3. 编制轻钢龙骨隔墙施工流程

任务4　建筑装饰背景墙施工

【任务描述】

　　背景墙通常是指在室内装修中的一些主要墙面如：电视背景墙、沙发背景墙、床头背景墙、餐厅背景墙、写字台背景墙等等。其装饰手法多样，设计风格不同，材料及装修工艺就大不相同。背景墙施工也就是在所需处理的墙面，通过不同的材料和施工工艺进行的装饰装修工程。

　　墙壁面积是房屋使用面积3倍多，是占据我们视线最多的地方，墙面装修的好坏，对整个室内装修的效果影响非常大。通过对墙体的设计与装修，不仅可以满足消费者对装修的装饰要求和功能要求，而且还体现了消费者的家居品味和设计者的艺术的气质。

【学习支持】

背景墙施工应遵循以下施工规范：

《建筑工程施工质量验收统一标准》GB50300-2013

《建筑装饰装修工程施工质量验收规范》GB50210-2011

《建筑工程项目管理规范》GB/T50326-2006

《室内装饰装修材料溶剂型木器涂料中有害物质限量》GB18581-2009

《建筑安装分项工程施工工艺规程》DBJ01-26-2003

《住宅装饰装修工程施工规范》GB50327-2002

《建筑内部装修设计防火规范》GB50222-95（2001年修订版）

根据不同的设计方案，背景墙的施工方法多种多样，涉及的材料、施工工艺非常多。这些背景墙根据不同设计要求和材料大致可分为以下几类：

1. 手绘背景墙：对面层进行处理完以后，利用丙烯为主要颜料，根据业主以及设计要求，在墙面上绘制出所需的图案，达到装饰效果。

2. 刷涂料：涂料的颜色千变万化，一些有创意的设计师，巧妙地利用它的这种特性，设计出富有艺术感的背景墙。刷涂料首先要对墙面进行处理，用腻子找平，打磨光滑、平整后再根据设计要求刷涂料，主要是乳胶漆。墙的上部与顶面交接处用石膏线（或木线条）做装饰线，下部与地面交接处用踢脚线收口。

3. 木质材料：木质材料在装修过程中使用得非常广泛，越来越多的人也将它融入背景墙里面。因为它的花色品种繁多，色调自然美观，价格经济实惠。

4. 贴壁纸：墙壁面层处理平整后，铺贴壁纸。壁纸种类非常多，有几百种甚至上千种，色彩、花纹非常丰富。壁纸脏了也很简单，新型的壁纸都可以用湿布直接擦拭。壁纸用旧了，可以把表层揭下来，无需再处理，直接贴上新壁纸就可以了。壁纸在欧美是墙壁装修的主要方式。

5. 石材：文化石是一种新型的材料，是用天然的石头加工而成，色彩自然。文化石吸水率低，耐酸，不易风化，吸声效果好，装饰性很强，主要用于客厅装饰。如在客厅用纹理粗糙的文化石镶嵌出一面仿古意味的主体墙作电视背景墙，既可以吸音，又能烘托出家电的金属质感，形成强烈的对比。

6. 玻璃金属：现代风格的装修通常采用玻璃与金属等材料作为背景墙，能给居室带来很强的现代感，所以也是人们常选用的材料。

7. 做壁画：墙面处理平整后，从地到顶整面墙都喷涂成一幅巨大的山水风光画，或者是蓝天白云，或者是密林清泉，能给人一种回归自然的亲切感。

8. 做软包背景墙：在墙壁上铺钉海绵之类的软物，外面包上一层装饰布或皮革。整个房间显得富丽堂皇，且装饰布的色彩、图案种类繁多，挑选的余地很大。

在墙面装修中，不同的材质、色彩及施工工艺都对墙面装修产生很大的影响，进而影响到室内的整体装饰风格。所以在进行墙面装饰时，应与整个房间的造型、色彩、材料质感相互协调，互相搭配，这样才能营造出极具节奏感的室内空间。

【学习提示】

由于背景墙的特殊位置，通常是处于视觉中心的部位。所以其施工质量是相当重要的，施工过程中要严格把控各施工工艺。

本节主要介绍文化石背景墙的施工工艺。

【学习支持】

3.4.1 施工准备与前期工作

1. 作业条件

（1）水电工程线路布置完成，插座底盒安装完成。

（2）墙面基层找平且清理干净。

（3）大面积施工前应先放大样，并做出样板墙，确定施工工艺及操作要点，并向施工人员做好交底工作。样板墙完成经鉴定合格后，还要经过设计、甲方和施工方共同认定，方可组织班组按照样板墙要求施工。

2. 材料要求

粘结剂：为保证文化石铺贴质量，铺贴采用专用粘结剂，粘结材料和水的比例为 25kg：（6 ~ 7）kg。

文化石：文化石应质地坚固，其品种、规格、尺寸、色泽、图案必须符合设计规定。不得有缺楞、掉角、暗痕和裂纹等缺陷。其性能指标均应符合现行国家标准的规定。

3. 施工机具

大桶、小水桶、平锹、木抹子、铁抹子、大杠、中杠、小杠、靠尺、方尺、水平尺、灰槽、灰勺、米厘条、毛刷、钢丝刷、笤帚、錾子、锤子、粉线包、小白线、擦布或棉丝、钢片开刀、小灰铲、手提电动小圆锯、勾缝溜子、勾缝托灰板、托线板、线坠、钉子、铅笔等。

【任务实施】

3.4.2 施工操作程序与操作要点

1. 工艺流程

基层清理→放线→拌粘贴料→预排→镶贴文化石→专用勾缝剂勾缝→养护→检查验收

2. 操作工艺

（1）基层清理：墙面在铺贴文化石前应先挂线检查基层平整情况，如果偏差较大的地方应事先凿平和补修。墙面为光滑墙面时，应用电锤或錾子将墙面凿毛处理，防止文化石因为粘力不够而脱落。

墙面应清洁，不能有油污、灰尘，特别不能有白灰、砂浆灰，不能有土渣。清理干净后。在抹底子灰前应洒水润湿。

（2）放线：在施工的墙面上按设计要求画好边线，每隔30cm弹一条水平线，以保证文化石在施工过程中水平。

（3）拌粘贴料：用水泥作为胶粘剂，施工时水泥砂浆里面需要加入108的胶水，同时需要将墙面及文化石的反面湿润。建议采用专用的粘接砂浆（图3-58）。

图3-58　搅拌粘接剂

（4）预排：在正式铺设前，文化石应按图案、颜色、纹理进行试拼。

【知识链接】

1. 施工前预先摆一下产品的图案，确认施工铺贴后的效果，先调整整体的均衡性和美观性。

2. 小块的石头要放在大块的石头旁边，凹凸面状石头要放在面状较为平缓的旁边，厚的产品要放在薄的产品旁，颜色搭配要均衡。

图3-59　文化石预摆

3.铺贴多件产品时建议不要只从一箱中取产品铺贴，可同时打开 2 ~ 3 箱搭配粘贴，根据施工的现状，文化石可以切割自由利用。

(5)镶贴文化石：将文化石用粘接砂浆贴于指定的墙面上。使其均匀排布。

将文化石背部浸湿或刷湿，在背部中央涂抹粘结剂，堆起呈山形状并紧压在墙面上充分按压，使岩石周围可看见料浆挤出（粘接砂浆层约 10 ~ 15mm 厚）。如果背景墙有转角处的应先铺贴转角再依转角石水平线为基准粘贴平面石。

文化石粘贴时，横向 80 ~ 100cm 需错缝，竖缝 20 ~ 30cm 需错缝。粘贴时用梳式抹灰刀涂抹粘贴剂。缝隙要留的均匀，约 15 ~ 20mm。水平缝长度不超过四块文化石或 90cm 铺贴范围，上下禁止有通缝。对于面积较大处，为保证水平缝隙的平直，应在墙面上弹出水平控制线。

如果文化石尺寸不符合施工实际要求时，可通过切割处理来调整尺寸，可使用宽嘴钳子或短柄斧。在包装箱中也可以找到破裂的文化石，这些文化石可用来填充大块文化石的间隙。

为了更加美观，应使用砂浆对切割的边沿进行修补。当处于视线以上时，可将切口边置于上方，当处于视线以下时，可将切口边置于下方（图 3-60）。

图 3-60　文化石铺贴效果

(6)专用勾缝剂勾缝：整面墙铺贴完以后要对文化石的缝隙进行勾缝处理，以增加墙面的美观程度。

用特制的蛋糕裱花袋剪去尖头，装好已经调制好的勾缝剂进行挤压勾缝

一般以体现文化石最佳立体效果的线缝为主，待勾缝剂半干时用特制竹片压勾缝剂使勾缝剂紧贴文化石，同时把多余的勾缝剂刮整齐，再用稍干用毛刷扫掉多余的勾缝剂。

勾缝面应让其保持粗糙平整状，同时用粗毛刷清理文化石受勾缝材料污染的面。

(7)自检验收：勾缝结束后观察背景墙的整体外观，墙面要求平整，颜色要均匀，

填缝要光滑、压实。

（8）成品保护：文化石铺贴好之后，需要对文化石进行雾状喷水，持续三天，喷雾建议采用农用便携式手压喷雾机，喷涂时喷头离文化石墙面的距离保持 30 ~ 50cm，这样喷涂的效果比较均匀。

3.4.3　施工质量控制要求

1. 文化石应质地坚固，其品种、规格、色泽、图案必须符合设计规定。

2. 文化石镶贴必须牢固，无歪斜、缺愣、掉角和裂缝等缺陷。其性能指标均符合现行国家标准的规定。

3. 灰缝宽度根据文化石的尺寸大小，控制在 1.2 ~ 2mm 范围内，表面洁净，无污痕、无显著的受损处、无空鼓。

4. 接缝填嵌密实，颜色一致，填缝剂要平整、光滑、压实、无遗漏文化石排列应自然，整体外观要平整。

5. 粘贴文化石的砂浆要全部粘贴到位，边上挤出多余的砂浆要及时清理。切割产品断头面不能对着正立观感面，粘贴如有多种形状、颜色的产品，要求各种形状、颜色产品要分布均匀，不能出现单一形状、颜色的集中现象。

6. 施工前请一定要确认墙体的水分是否适宜施工，墙体过干，文化石直接从灰缝料中吸收水分，导致施工程度不够，产品易脱落，缝料强度差等。

3.4.4　常见工程质量问题及防治方法

1. 空鼓、脱落

主要原因：

1）基层表面偏差较大，基层处理或施工不当，文化石勾缝不严，又没有洒水养护，各层之间的粘结强度很差，面层就容易产生空鼓、脱落。

2）粘结砂浆配合比不准，稠度控制不好，砂子含泥量过大，在同一施工面上采用几种不同的配合比砂浆，因而产生不同的干缩，亦会空鼓。

防治方法：在施工过程中砂浆配合比严格按工艺操作，重视基层处理和自检工作，要逐块检查，发现空鼓的应随即返工重做。

2. 墙面脏：

主要原因：勾完缝后没有及时擦净砂浆以及其他工种污染所致。

防治方法：可用棉丝蘸稀盐酸加 20% 水刷洗，然后用自来水冲净。同时应加强成品保护。

【评价】

通过实训操作进行考核评价，按时间、质量、安全、文明、环保要求进行考核。首先学生按照表 3-6 项目考核评分，先自评，在自评的基础上，由本组的同学互评，最后由教师进行总结评分。

项目综合实训考核评价表　　　　　　　　表 3-6

姓名：　　　　　　　　　　　　　　　　　　　　　　　　　　总分：

序号	考核项目	考核内容及要求	评分标准	配分	学生自评	学生互评	教师考评	得分
1	时间要求	270 分钟	不按时无分	10				
2	质量要求	基层处理水平放线	1. 处理不规范扣 5 分 2. 技术准备不充分扣 5 分	10				
		文化石平面粘贴	1. 平面不规范扣 15 分 2. 粘贴不牢固扣 15 分	30				
		勾缝	1. 勾缝不规范扣 15 分 2. 勾缝不光滑扣 15 分	30				
		自检验收 成品保护	1. 自检验收不合理扣 10 分 2. 成品保护不规范扣 10 分	20				
3	安全要求	遵守安全操作规程	不遵守酌情扣 1～5 分					
4	文明要求	遵守文明生产规则	不遵守酌情扣 1～5 分					
5	环保要求	遵守环保生产规则	不遵守酌情扣 1～5 分					

注：如出现重大安全、文明、环保事故，本项目考核记为零分。

【知识链接】

1. 电视背景墙装修设计及施工要点：电视背景墙是大多装修客户最关注的项目，其制作有多种方法，石膏板造型、铝塑板、马来漆、涂料色彩造型、木制油漆造型、玻璃、石材造型，还有贴墙纸等方法。制作时，如果是挂壁式电视机，墙面要留有位置（装预埋挂件或结实的基层）及足够的插座，最好是暗埋一根较粗的 PVC 管，所有的电线通过这根管穿到下方电视柜上，将 DVD 线、闭路线、音响线等装在里面。

设计时必须考虑客厅的宽度，一般来说，人的眼睛距离电视机最佳的距离是电视机尺寸的 3.5 倍，因此不要把电视墙做得太厚，导致客厅狭小。

先量准沙发的位置，沙发位置确定后，再确定电视机的位置，然后由电视机的大小再确定背景墙的造型。

背景墙面在施工的时候，应该把地砖的厚度、踢脚线的高度考虑进去，使各个造型协调，如果没有设计踢脚线，面板、石膏板的安装应该在地砖施工后，以防受潮。

2. 电视背景墙要与客厅装修风格相协调

电视背景装饰墙是家庭装修的重点之一，在装修中占据着相当重要的位置。电视背景墙通常是为了弥补客厅中电视机背景墙面的空旷，同时起到装饰客厅的作用。如果偏爱中国传统文化，可以在背景墙上通过字画、印章、绘画"元素"等来进行设计搭配，古朴的文化石和墙砖、有自然纹路的大理石、胡桃木、水曲柳等木材都是不错的材质。而不锈钢、玻璃一般用来表现时尚前卫的风格，几何图案、不规则线条多用来诠释这种风格。一些现代简约风格的家居则喜欢用手绘、液体墙纸甚至艺术颜料，画一些花枝藤蔓来表现雅致的情调。

【课后讨论】

1. 简述文化石背景墙施工的工艺流程及质量控制要点？
2. 背景墙施工方法有哪些？

项目 4
装饰装修涂饰工程

【项目概述】

涂饰工程是指将涂料敷于建筑物或构件表面，并能与建筑物或构件表面材料很好的粘结，干结后形成完整涂膜（涂层）的装饰饰面工程。建筑涂料（或称建筑装饰涂料）是继传统刷浆材料之后产生的一种新型饰面材料，它具有施工方便、装饰效果好、经久耐用等优点，涂料涂饰是当今建筑饰面采用最为广泛的一种方式。

【学习目标】

知识目标：通过本课程的学习，掌握建筑装饰装修涂饰工程的施工工艺、操作程序、质量标准及要求；掌握室内装饰涂饰工程施工材料品种、规格及特点；能熟练识读施工图纸。

能力目标：通过本课程的学习，能根据涂饰工程的施工工艺、施工要点质量通病防范等知识编制具体的施工技术方案并组织施工；能够按照装饰装修涂饰工程质量验收标准，进行工程的质量检验；能够进行技术资料管理，整理相关的技术资料；能够处理现场出现的问题，提高解决问题的能力；能正确选用、操作和维护常用施工机具，正确使用常用测量仪器与工具。

素质目标：通过本课程的学习，培养具有严谨的工作作风和敬业爱岗的工作态度，自觉遵守安全文明施工的职业道德和行业规范；具备能自主学习、独立分析问题、解决问题的能力；具有较强的与客户交流沟通的能力、良好的语言表达能力。

任务1　水性涂料涂饰工艺

【任务描述】

水性涂料涂饰工艺是装饰装修涂饰工程中的一种常用工艺。通常在完成木作工程后进行，也就是用以水为稀释剂的涂料或水溶性内墙涂料对建筑物内的墙体、顶棚等饰面做涂饰涂刷，从而达到保护建筑饰面及美观的作用。

【学习支持】

水性涂料涂饰施工应遵循以下施工规范：

《建筑工程施工质量验收统一标准》GB50300-2013

《建筑装饰装修工程施工质量验收规范》GB50210-2011

《民用建筑工程室内环境污染控制规范》GB50325-2010

《建筑安装分项工程施工工艺规程》BDJ01-26-2003

《室内装饰装修材料溶剂型木器涂料中有害物质限量》GB18581-2009

《住宅装饰装修工程施工规范》GB50327-2002

《建筑工程项目管理规范》GB/T50326-2006

《建筑内外墙涂料应用技术规程》（DBJ/T01-42-99）

学习涂饰工程施工应知道喷、涂施工机具和常用工具的使用方法及喷涂技巧，熟悉喷涂材料特性和调配。

材料介绍

（1）水性涂料——水性涂料就是以水稀释剂、不含有机溶剂的涂料。它有多个优点比如：无毒并且无刺激气味，因为它只以清水作为稀释剂，对人体健康无害，同时也不污染环境。因为水性涂料不含有害物质所以不会向空气中挥发，因此也就没有了易变黄等缺陷，更可以保持涂料颜色的历久弥新。它的储存也很方便，不易燃，所以不像油性漆一样需要单独储存。

（2）水溶性内墙涂料——以水溶性化合物为基料，加入一定量的填料、颜料和助剂，经过研磨、分散后而成的水溶性内墙涂料。

【提醒】

施工中应注意成品保护，防止在施工过程中对成品造成污染或损坏。

1. 刷（喷）浆施工前应加防污染门窗及已做完的饰面层的保护措施。

2. 已完成的喷、刷、滚浆成品做好保护，防止其他工序对产品的污染和损坏。

3. 室内浆活进行修理时，应注意已装好的电气开关、箱、插销座等电气产品及设备管道的保护，防止喷浆时造成污染。

【任务实施】

4.1.1　施工准备与前期工作

1. 作业条件

1）室内抹灰或清水墙上腻子的作业已全部完成。

2）温度宜保持均衡，不得突然有较大的变化，且通风良好。门窗玻璃要提前安装完毕，如未安玻璃，应有防风措施。

3）顶板、墙面、地面等湿作业完工并具备一定强度，环境比较干燥和干净。混凝土和墙面抹混合砂浆以上的砂浆已完成，且经过干燥，其含水率应符合要求：

4）室内水暖卫管道、电气设备等预埋件均已安装完成，试水试压已进行完，且完成管洞处灰活的处理。

5）门窗安装已完成并已施涂一遍底子油（干性油、防锈涂料），如采用机械喷涂料时，应将不喷涂的部位遮盖，以防污染。

6）水性和乳液涂料涂刷时的环境温度应按产品说明书的温度控制。冬期室内施涂涂料时，应在采暖条件下进行，室温应保持均衡，不得突然变化。

7）水性和乳液涂料涂施前应将基体或基层的缺棱掉角处，用 1∶3 水泥砂浆（或聚合物水泥砂浆）修补；表面麻面及缝隙应用腻子填补齐平（外墙、厨房、浴室及厕所等需要使用涂料的部位，应使用具有耐水性能的腻子）。

8）在室外或室内高于 3.6m 处作业时，应事先搭设好脚手架，并以不妨碍操作为准。

9）大面积施工前应事先做样板间，经有关质量部门检查鉴定合格后，方可组织班组进行大面积施工。

10）操作前应认真进行交接检查工作，并对遗留问题进行妥善处理。

2. 材料要求

（1）用于建筑内墙工程的水性涂料和水性胶粘剂，应符合《建筑内外墙涂料应用技术规程》DBJ/T01-42-99 规定的技术要求，并应测定总挥发性有机化合物和游离甲醛的含量，其限量应符合《民用建筑工程室内环境污染控制规范》的要求。

（2）所用的涂料和半成品（包括现场配制的）均应有产品名称、执行标准编号、种类、颜色、生产厂名、生产日期、贮存期及贴有该批产品的合格证。

（3）本产品应采用大口塑料桶或内装塑料袋的铁桶包装。生产厂应随包装件向用户单位提供施工说明书，其内容包括质量指标、施工操作要求、注意事项等。

（4）本产品应室内存放，不得日晒雨淋。贮存温度不得低于5℃，产品自生产之日起在常温下存放期为六个月。

3. 施工机具

一般应具备手压泵或电动喷浆机、大、小浆桶、喷斗、喷枪、高压胶管、人造毛滚子、刷子、排笔、开刀、胶皮刮板、0号和1号砂纸、大小水桶、胶皮管等零星配件，腻子板、干净擦拭布、作业操作用的手套、胶鞋等。

4.1.2　施工操作程序与操作要点

1. 工艺流程

基层处理→修补腻子→批挂腻子→涂刷第一遍乳液薄涂料→涂刷第二遍乳液薄涂料→涂刷第三遍乳液薄涂料

2. 操作工艺

（1）基层处理：新建筑的混凝土或抹灰基层在涂料涂饰前应刷抗碱封闭底漆。旧墙面在涂饰涂料前应清除疏松的旧装修层，将墙面等基层上起皮、松动及鼓包等清除凿平，将残留在基层表面上的灰尘、污垢、溅沫和砂浆流痕等杂物清除扫净。并涂刷界面剂。

混凝土或抹灰基层涂刷乳液型涂料时，含水率不得大于10%。

（2）修补腻子：用石膏腻子将缝隙及坑洼不平处找平，应将腻子填实补平，并将多余的废腻子收净，腻子干后，用砂纸磨平，并把浮尘扫净。如发现还有腻子塌陷处和凹坑应重新复找腻子使之补平。石膏腻子配合比为：石膏粉：乳液：纤维素水溶液=100：45：60，其中纤维素水溶液为3.5%。石膏墙面有拼缝的应在石膏板和条板墙上糊一层玻璃网格布或绸布条，用乳液将布条粘在缝上，粘条时应把布条拉直糊平，并刮石膏腻子一道（图4-1）。

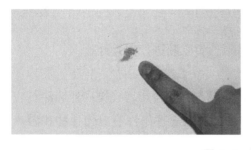

图4-1　基层处理

（3）批挂腻子：根据墙体基层的不同和浆活等级要求不同，刮腻子的遍数和材料也不同。如混凝土墙应刮二道石膏腻子和1～2道大白腻子；抹灰墙及石膏板墙可以刮二道大白腻子即可达到喷浆的基层要求。腻子的配合比为重量比，有两种，一是适用于室内的腻子，其配合比为：聚醋酸乙烯乳液（即白乳胶）：滑石粉或大白粉 =1：5，二是适用于外墙、厨房、厕所、浴室的腻子，其配合比为：聚醋酸乙烯乳液：水泥：水 =1：5：1。具体操作方法为：第一遍用胶皮刮板横向涂刮，一刮板接着一刮板，接头不得留槎，每刮一刮板最后收头时，要注意收的要干净利落。干燥后用 1 号砂纸磨，将浮腻子及斑迹磨平磨光，再将墙面清扫干净（图 4-2）。

图 4-2　批挂腻子

第二遍用胶皮刮板竖向涂刮，所用材料和方法同第一遍腻子，干燥后用 1 号砂纸磨平，并清扫干净。第三遍用胶皮刮板找补腻子，用钢片刮板满刮腻子，将墙面等基层刮平刮光，干燥后用细砂纸磨平磨光，注意不要漏磨或将腻子磨穿（图 4-3）。

图 4-3　用细砂纸打磨腻子

基层腻子应平整、坚实、牢固，无粉化、起皮和裂缝；内墙腻子的粘结强度应符合《建筑室内用腻子》（JG/T3049）的规定。厨房、卫生间墙面必须使用耐水腻子。如面层要涂刷带颜色的浆料时，在腻子中要掺入相同颜色的适量颜料。

【知识链接】

刷浆方法有刷涂、喷涂、滚涂三种。

刷涂是以排笔、扁刷、圆刷等工具人工进行，操作简单但工效较低；

喷涂用手压式或电动式喷浆机进行，工效高，质量均匀，适于大面积刷（喷）浆；

滚涂是用毛长12mm左右人造滚子，沾浆后进行滚涂，具有涂布较均匀，拉毛短，表面平整，无接头排痕，减轻体力劳动，省浆（30%）等优点。

在具体施中根据工程实际以上三种方法灵活使用。

（4）施涂第一遍乳液薄涂料：根据使用材料、操作工序和质量要求不同，一般分为普通刷浆、中级刷浆和高级刷浆三种。面层均为二遍浆，共三遍成活。

施涂顺序是先刷顶板后刷墙面，刷墙面时应先上后下。先将墙面清扫干净，再用布将墙面粉尘擦净。乳液薄涂料一般用排笔涂刷，使用新排笔时，注意将活动的排笔毛去掉。乳液薄涂料使用前应搅拌均匀，适当加水稀释，防止头遍涂料因过稠施涂不开，涂刷不匀。干燥后复补腻子，待复补腻子干燥后用砂纸磨光，并清扫干净（图4-4）。

图4-4　施涂第一遍乳液薄涂料

（5）施涂第二遍乳液薄涂料：操作要求同第一遍，使用前要充分搅拌，如不很稠，不宜加水或尽量加水，以防露底。漆膜干燥后，用细砂纸将墙面小疙瘩和排笔毛打磨掉，磨光后清扫干净。

（6）施涂第三遍乳液薄涂料：操作要求同第二遍乳液薄涂料。由于乳胶漆膜干燥较快，应连续迅速操作，涂刷时从一头开始，逐渐涂刷向另一头，要注意上下顺刷互相衔接，后一排笔紧接一排笔，避免出现干燥后再处理接头（图4-5）。

图 4-5　施涂完工

4.1.3　施工质量控制要求

质量要求符合《建筑内外墙涂料应用技术规程》（DBJ/T01-42-99）的规定。

1. 主控项目

（1）水性涂料涂饰工程施工的环境温度应在 5 ～ 35℃之间。 涂料冬期施工应根据材质使用说明书进行施工及使用，以防受冻。

（2）所用涂料的品种、型号和性能应符合设计要求。

（3）颜色、图案应符合设计要求。

（4）应涂饰均匀、粘结牢固，不得漏涂、透底、起皮和掉粉。

2. 一般项目（表 4-1、表 4-2）

薄涂料的涂饰质量和检验方法　　　　　　　　　　　　　　　　　表 4-1

项目	普通涂饰	高级涂饰	检验方法
颜色	均匀一致	均匀一致	观察
泛碱、咬色	允许少量轻微	不允许	
流坠、疙瘩	允许少量轻微	不允许	
砂眼、刷纹	允许少量轻微砂眼，刷纹通顺	无砂眼，无刷纹	
装饰线、分色线直线度允许偏差（mm）	2	1	拉 5m 线，不足 5m 拉通线，用钢直尺检查

厚涂料的涂饰质量和检验方法 表 4-2

项目	普通涂饰	高级涂饰	检验方法
颜色	均匀一致	均匀一致	
泛碱、咬色	不允许	不允许	观察
点状分布	疏密较均匀	疏密均匀	

4.1.4 常见工程质量问题及防治方法

应注意的质量问题

1. 刷（喷）浆面粗糙

主要原因是基层处理不彻底，打磨不平，刮腻子时没将腻子收净；干燥后打磨不平，清扫不净；喷头孔径大，浆颗粒粗糙。

2. 浆皮开裂

墙面粉尘没清理干净，腻子干后收缩形成裂纹；墙面凹凸不平腻子超厚产生的裂纹。

3. 脱皮

原因是刷（喷）浆层过厚，面层浆内胶量过大，基层胶量少强度低，干后，面层浆形成硬壳使之开裂脱皮。故应掌握好浆内的胶用量，为增加浆与基层的粘结强度，可于刷（喷）浆前先刷一道胶水。

4. 掉粉

原因是面层浆液中胶的用量少。为解决掉粉问题，可进行一道扫胶，在原配好的浆液内多加一些乳液使之胶量增大，用新配浆液喷涂一道。

5. 石膏板墙接缝处开裂

安装石膏板不按要求留置缝隙；对接缝处马虎从事，不按规矩贴拉结带，不认真用嵌缝腻子进行填刮，腻子干后收缩拉裂。

【评价】

通过实训操作进行考核评价，按时间、质量、安全、文明、环保要求进行考核。首先学生按照表 4-3 项目考核评分，先自评，在自评的基础上，由本组的同学互评，最后由教师进行总结评分。

项目综合实训考核评价表 表 4-3

姓名： 总分：

序号	考核项目	考核内容及要求	评分标准	配分	学生自评	学生互评	教师考评	得分
1	时间要求	270 分钟	不按时无分	10				

续表

序号	考核项目	考核内容及要求	评分标准	配分	学生自评	学生互评	教师考评	得分
2	质量要求	检查	1. 未按程序查验扣 5 分 2. 技术准备不充分，扣 5 分	10				
		基层处理	1. 不能正确使用工具，扣 5 分 2. 对基面的处理不符合规范，扣 2 分 / 处 3. 未按施工程序施工，扣 5 分	30				
		批挂腻子	1. 操作不规范扣 5 分 2. 施工时间掌握不当扣 5 分 / 处 3. 发现质量事故扣 20 分	20				
		涂刷乳液薄涂料	1. 处理方法错误扣 10 分 2. 处理后问题未排除扣 30 分	30				
3	安全要求	遵守安全操作规程	不遵守酌情扣 1 ~ 5 分					
4	文明要求	遵守文明生产规则	不遵守酌情扣 1 ~ 5 分					
5	环保要求	遵守环保生产规则	不遵守酌情扣 1 ~ 5 分					

注：如出现重大安全、文明、环保事故，本项目考核记为零分。

【课后讨论】

1. 请简要说明基层腻子批刮的工艺流程？
2. 编制建筑装饰水性涂料施工流程。
3. 列举水性涂料施工常见问题及产生的原因？

任务 2　彩色喷涂工艺

【任务描述】

　　随着建筑涂料行业的不断发展，墙面的施工呈现了多样化，展示着墙面不同的涂装效果，以满足不同的客户需求。彩色喷涂就是根据涂料的不同特性，采用不同的施工方法将涂料涂布与建筑物内外墙的施工工艺。当然，不同涂料的施工方法都遵循一定的工艺标准。

【学习支持】

彩色涂料涂饰施工应遵循以下施工规范：

《建筑工程施工质量验收统一标准》GB50300-2013

《建筑装饰装修工程施工质量验收规范》GB50210-2011

《民用建筑工程室内环境污染控制规范》GB50325-2010

《建筑安装分项工程施工工艺规程》BDJ01-26-2003

《室内装饰装修材料溶剂型木器涂料中有害物质限量》GB18581-2009

《住宅装饰装修工程施工规范》GB50327-2002

《建筑工程项目管理规范》GB/T50326-2006

《建筑内外墙涂料应用技术规程》（DBJ/T01-42-99）

【知识链接】

学习涂饰工程施工应知道喷、涂施工机具和常用工具的使用方法及喷涂技巧，熟悉喷涂材料特性和调配。

材料的认识：

多彩内墙涂料，是近年在建筑涂料中异军突起的一种颇受欢迎的新品种，适用于宾馆、商店、办公、居室等内墙装饰。其喷涂后可产生多种色彩层次和立体花纹，具有色彩优雅、图案自然、立体感强的特点，且具有较高的粘接力和良好的耐水性，施工较简单，效率也高，价格适中等优点，是一种理想的室内装饰材料。

多彩内墙涂料分为水包油型多彩涂料和水包水型多彩涂料两种。被称为"无缝墙纸"；多彩涂料喷涂饰面具有防火性能好、适应性广泛、技术性能好、色彩绚丽、优雅、立体感强、装饰效果好、涂膜较厚且有弹性，耐洗刷性好，耐久性强，施工方便和维修简单等特点。是一种颇受欢迎的内墙涂料，适用于混凝土、砂浆、石膏板、木材、铝材、水磨石等多种基层的多彩喷涂工程。

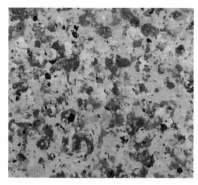 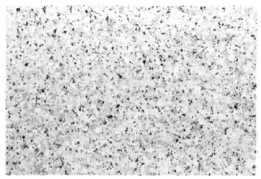

图4-6 多彩内墙涂料

【学习提示】

现场技术准备：熟悉相关规范的要求，做出详细的技术交底。

施工中应注意成品保护，防止在施工过程中对成品造成污染或损坏。

【学习支持】

4.2.1　施工准备与前期工作

1. 作业条件

（1）混凝土和墙面抹混合砂浆以上的灰已完成，且经过干燥，其含水率应符合下列要求、表面施涂溶剂型涂料时，含水率不得大于 8%；表面施涂水性和浮液涂料时，含水率不得大于 10%。

（2）水电及设备、顶墙上预留、预埋件已完成。

（3）门窗安装已完成并已施涂一遍底子油（干性油、防锈涂料），如采用机械喷涂涂料时，应将不喷涂的部位遮盖，以防污染。

（4）性和乳液涂料施涂时的环境温度，应按产品说明书的温度控制。冬期室内施涂涂料时，应在采暖条件下进行，室温应保持均衡，不得突然变化。

（5）施涂前应将基体或基层的缺棱掉角处，用 1 : 3 水泥砂浆（或聚合物水泥砂浆）修补；表面麻面及缝隙应用腻子填补齐平（外墙、厨房、浴室及厕所等需要使用涂料的部位，应使用具有耐水性能的腻子）。

（6）对施工人员进行技术交底时，应强调技术措施和质量要求。大面积施工前应先做样板，经质检部门鉴定合格后，方可组织班组施工。

2. 材料准备

根据设计要求、基层情况、施工环境和季节，选择、购买建筑涂料及其他配套材料。

多彩涂料喷涂主要技术性能指标（见表 4-4）。

多彩涂料喷涂主要技术性能指标　　　　　　　　　　　　　　表 4-4

项次	项目	技术性能指标
1	容器中状态	无硬块，均匀
2	黏度（25℃）	90±10Ks
3	固体含量	20%±3%
4	贮存稳定性（5～30℃）	6 个月
5	施工性	施工方便
6	干燥时间	表干＜2h，实干＜24h

续表

项次	项目	技术性能指标
7	涂膜外观	与标准样品基本相同
8	耐水性	在清水中浸泡 96h 无异常
9	耐刷性	耐洗刷 1500 次
10	耐碱性	在饱和 Ca(OH)$_2$ 水溶液中浸泡 24h 无异常

3. 施工机具

根据层高的具体情况，准备操作架子，其他工具则应根据确定的施工方法配套准备，综合起来其主要机具有：1. 刷涂工具：排笔、棕刷、料桶等；2. 喷涂机具：空气压缩机（最高气压 10MPa，排气室 0.6m^3）、高压无气喷涂机（含配套设备）；3. 喷斗、喷枪、高压胶管等；4. 滚涂工具：长毛绒辊、压花辊、印花辊、硬质塑料或橡胶辊；5. 弹涂工具：手动或电动弹涂器及配套设备；6. 抹涂工具：不锈钢抹子、塑料抹子、托灰板等；7. 手持式电动搅拌器等。

【任务实施】

4.2.2 施工操作程序与操作要点

1. 工艺流程

清扫、补平基层表面的裂缝→干燥后打磨平整、清理净浮灰→底喷涂 1～2 遍→中涂 1～2 遍→多彩涂料面层喷涂→成品保护

2. 操作工艺

1）基层处理

基层应表面干燥，含水率低于 10%，表面应清除干净浮灰和油污。对凹陷不平、裂缝和粗糙面要用腻子满墙批嵌平，且要用铁砂低磨平，一般需进行"二批二磨"。腻子应有一定强度和耐水性。要求高者须用配套专用腻子和抗碱底漆。一般腻子应采用白水泥、老粉和 107 胶水调配而成，白水泥：老粉 = 8：2。不应采用化学浆糊和双飞粉调配成的腻子。另外，对于复涂旧墙面，要根据旧涂膜种类来分别处理。对于油性涂料层（合成树脂和清漆），要用 0～1# 砂纸打磨表面。对于乳液型涂料层只要清除表面灰尘和油污即可。对于水溶性涂料层，要用热水清洗墙面。批嵌腻子应以既薄又平整光洁为宜。

2）底涂

底层涂料为溶剂性涂料。根据基层及气温情况，可加 10% 左右的稀释剂，喷涂 1～2 遍，喷涂时用塑料薄膜等遮盖物将阳角后喷涂的一面遮挡 10～20cm，待喷涂面完成后，将遮盖物移至已喷涂的一面，以防止产生阳角两侧面多彩涂料饰面受到喷涂污

染，产生流淌、下坠或花纹不均等现象。取掉遮盖物时要谨慎小心，切勿将涂膜拉起。约 2 ~ 4h 底涂料干燥后即可进行中涂。

3）中涂

待底涂干透后进行中涂。中涂涂料为水性涂料，涂刷 1 ~ 2 遍。喷涂时可加 15% ~ 20% 的水稀释（进口的涂料要加专用水进行稀释），第一遍与第二遍喷涂间隔时间为 4h（图 4-7）。

图 4-7 喷涂

4）面涂

待中涂干透约 4 ~ 8h 后，即可进行多彩喷涂面层。由于是水性涂料，固体含量较高，故一般采用内压式喷枪，必须掌握喷涂的压力，喷枪移动速度、喷距等，其参数参照表 4-5 使用。

如果由于环境温度降低使多彩涂料稠度增加时，可将容器放在 50 ~ 60℃ 的温度水中加温；多彩涂料开盖之前，一般都须振动容器，以使喷涂液均匀；开盖后再用长柄勺或洁净杆棒轻轻搅动，再装入喷枪料斗 2/3 体积，即可喷涂，喷枪从左向右，从上往下均匀喷涂于墙面上，即可形成丰富多彩饰面层（图 4-8）。

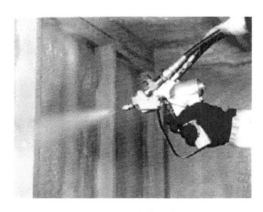

图 4-8 喷枪喷涂

喷枪压力应稳定保持在 2.5 ～ 3.0kg/cm 档，且喷枪口应垂直于墙面，水平和垂直移动喷枪的速度要均匀，水平移动喷枪时，喷嘴狭缝应处于纵向状态，下移喷枪时，喷嘴狭缝应处于横向状态。一般一遍成活，待面层多彩涂料干燥 24h 后，即可进行下道工序工作。

5）复涂旧墙面

对于油性涂料，在用砂纸打磨后，先涂中层涂料，后喷涂面层多彩涂料。对于乳液型涂料，在对基层作处理后，也先涂中层涂料，后喷涂面层多彩涂料，对于水溶性涂料，在作基层处理后，按程序涂底、中、面层涂料。

多彩喷涂操作条件和方式　　　　表 4-5

项目	喷涂条件	
喷涂压力	0.15 ～ 0.25MPa	
喷涂速度	第一遍（慢）	第二遍（稍快）
喷涂距离	30 ～ 40mm（喷嘴距墙面）	
干燥环境	相对湿度 85% 以下	
喷涂方法	纵向与横向垂直交叉	

4.2.3　施工质量控制要求

主控项目

1. 多彩涂料喷涂工程所用涂料的品种、型号和性能应符合设计要求。

检查方法：检查产品合格证书、性能检测报告和进场验收记录。

2. 多彩涂料喷涂工程的颜色、图案应符合设计要求。

检查方法：观察。

3. 多彩涂料喷涂工程应涂饰均匀、粘结牢固，不得漏涂、透底、起皮和掉粉。

检查方法：观察；手摸检查。

一般项目

多彩涂料喷涂的质量和检验方法应符合表 4-6 的规定。

多彩涂料喷涂的质量和检验方法　　　　表 4-6

项次	项目	中级涂料	检验方法
1	透底、流坠、皱皮	大面无，小面明显处无	观察
2	光亮、光滑	光亮和光滑均匀一致	观察
3	装饰线、分色线平直	偏差不大于 1mm	拉 5m 小线检查，不足 5m 拉通线检查
4	颜色、刷纹	颜色一致、无明显刷纹	观察

1. 多彩喷涂施工应避免在雨天和湿度高的气候条件下进行，并根据不同的气候条件确定底、中、面层施工的间隔时间，必须在前一道涂层干透后方可进行下一道涂层操作。施工环境在5℃以下时不应施工。以确保多彩涂料的色彩、光泽、粘结性和耐久性。

2. 进行操作前将附近门窗及其他相关的部位遮挡保护好。面层多彩涂料喷涂时，面层未干燥之前，不得清扫地面，防止灰尘粘附到未干燥的多彩面层。

3. 多彩涂料贮存，应避免在阳光下直接暴晒。

4. 多彩喷涂施工时作业面应保持空气流通，并严禁吸烟。

5. 多彩涂料施工时，要求施工人员认真细致操作，每一道工序均应严格按照有关的规定进行。喷涂完的墙面，随时用木板或小方木将口、角等保护好，防止碰撞造成损坏。

6. 施工操作前检查脚手架和脚手板是否搭设牢固，高度是否满足操作要求，合格后才能进行施工操作，不符合安全规定的地方应及时进行修理。拆脚手架时，要轻拿轻放，严防碰撞已喷涂完的墙面。

7. 禁止穿硬底鞋、拖鞋、高跟鞋在架子上工作，架子上人数不得集中在一起，工具要搁置稳定，防止坠落伤人。

8. 在多层脚手架上操作时，应尽量避免在同一垂直线上工作，必须同时作业时，下层操作人员必须戴安全帽。

9. 夜间施工时必须有足够的移动照明，必须用安全电压。机械操作人员必须经培训持证上岗，现场一切机械设备，非操作人员一律禁止乱动。

10. 喷枪和容器使用后，必须立即用水冲洗干净。

4.2.4 常见工程质量问题及防治方法

1. 多彩涂料的浮层

多彩涂料的浮层是指多彩涂料在成品桶内有部分颗粒漂浮在保护胶水液面上，布满桶内整个液面并有一定厚度。这部分颗粒漂浮于保护胶溶液表面，直接与空气接触，致使包裹在颗粒表面的一层保护胶水膜因蒸发逐渐变薄，直至破损，丧失，严重影响了涂料均匀性、施工性与涂膜装饰性。

防治措施

应根据磁漆（分散相）与保护胶水溶液（分散介质）的比重及它们之间的差值加以控制。

2. 多彩涂料渗色和分散介质混浊。多彩涂料的分散介质明显地呈现出与彩粒相同的颜色，或者分散介质变成乳状混浊液体，严重时混浊液中出现许许多多的微细片状物。造成这种现象的主要原因是彩粒表面凝胶保护膜强度不够、太脆弱，彩粒内部的颜料、填料，助剂等通过脆弱的保护膜不断向处渗透，使分散介质逐渐带上了彩粒的颜色，以致出现混浊的现象。造成保护膜强度不够，又很脆弱的主要原因是分散介质中的不溶剂的浓度不够。

防治措施

一般是改变不溶剂的浓度加以控制。不溶剂应调整到一个合适的浓度来改善彩粒包膜善状况，克服渗色和混浊现象。

3. 分散介质絮凝成块、成团，形成不易分散的棉絮状胶体，把彩粒全部包裹在里面。且储存时间越长，问题越南严重，造成这种现象的主要原因是分散相和分散介质酸碱度不合适，特别是分散介质的碱性偏高，造成分散介质中的高分子化合物逐渐凝聚成大大小小的团块，有的成棉絮状，有的成网状凝聚团。

防治措施

主要是控制涂料的酸值，对于配比中使用活性颜料的涂料，如 ZnO、红丹、锌粉、铝粉等的酸值，一般控制在 6 ～ 12koh/g 为宜，其他也应按标准严格控制酸值。

4. 彩粒暗淡无光泽。大多数纤维素类的增稠剂、消泡剂和一部分品种的颜料都有消光作用，往往白色彩粒光泽较好，而其他颜色的彩粒光泽较差，原因是白色彩粒一般采用中性的钛白粉作颜料、填料，钛白粉性能稳定，因此光泽较好，而某些种类的颜料带有较强的碱性或酸性，容易促使彩粒失去光泽。

防治措施

应该从以下几方面着手去调整。第一，调换纤维素类增稠剂；第二，减少消泡剂的用量或者改变消泡剂种类；第三，调换颜料品种，注意酸碱度调节。

【评价】

通过实训操作进行考核评价，按时间、质量、安全、文明、环保要求进行考核。首先学生按照表 4-7 项目考核评分，先自评，在自评的基础上，由本组的同学互评，最后由教师进行总结评分。

项目综合实训考核评价表　　　　　　　　　　　　　　　表 4-7

姓名：　　　　　　　　　　　　　　　　　　　　　　　　　　　　　　　　　　　　　　总分：

序号	考核项目	考核内容及要求	评分标准	配分	学生自评	学生互评	教师考评	得分
1	时间要求	270 分钟	不按时无分	10				
2	质量要求	检查	1. 未按程序查验扣 5 分 2. 技术准备不充分，扣 5 分	10				
		基层处理	1. 不能正确使用工具，扣 5 分 2. 对基面的处理不符合规范，扣 2 分 / 处 3. 未按施工程序施工，扣 5 分	30				

续表

序号	考核项目	考核内容及要求	评分标准	配分	学生自评	学生互评	教师考评	得分
2	质量要求	分格缝	1. 操作不规范扣 5 分 2. 施工时间掌握不当扣 5 分 / 处 3. 发现质量事故扣 20 分	20				
		喷、滚、弹涂料	1. 处理方法错误扣 10 分 2. 处理后问题未排除扣 30 分	30				
3	安全要求	遵守安全操作规程	不遵守酌情扣 1 ~ 5 分					
4	文明要求	遵守文明生产规则	不遵守酌情扣 1 ~ 5 分					
5	环保要求	遵守环保生产规则	不遵守酌情扣 1 ~ 5 分					

注：如出现重大安全、文明、环保事故，本项目考核记为零分。

【课后讨论】

1. 简述多彩涂料喷涂技术要点。

2. 多彩涂料施工质量控制要注意哪些问题？

项目 5
建筑装饰裱糊工程

【项目概述】

所谓的"裱糊工程"它是指采用壁纸、墙布等软质卷材裱贴于室内墙、柱、顶面及各种装饰造型构件表面的装饰工程。由于其色泽和凹凸图案效果丰富，选用相应品种或采取适当的构造做法后可以使之具有一定的吸声、隔声、保温及防菌等功能，尤其是广泛应用于酒店、宾馆及各种会议、展览与洽谈空间以及居民住宅卧室等。它有很多的优点如：装饰效果好、多功能性、施工方便、维修保养简单、使用寿命长等。

【学习目标】

知识目标：通过本课程的学习，掌握建筑装饰装修裱糊工程的施工工艺、操作程序、质量标准及要求；掌握室内装饰裱糊工程施工材料品种、规格及特点；能熟练识读施工图纸。

能力目标：通过本课程的学习，能根据裱糊工程的施工工艺、施工要点质量通病防范等知识编制具体的施工技术方案并组织施工；能够按照装饰装修裱糊工程质量验收标准，进行工程的质量检验；能够进行技术资料管理，整理相关的技术资料；能够处理现场出现的问题，提高解决问题的能力；能正确选用、操作和维护常用施工机具，正确使用常用测量仪器与工具。

素质目标：通过本课程的学习，培养具有严谨的工作作风和敬业爱岗的工作态度，自觉遵守安全文明施工的职业道德和行业规范；具备能自主学习、独立分析问题、解决问题的能力；具有较强的与客户交流沟通的能力、良好的语言表达能力。

任务 1　建筑装饰壁纸裱糊工程

【任务描述】

在隐蔽工程、泥水工程、木作工程、涂饰工程完工以后，就可进行壁纸裱糊工程。壁纸裱糊就是用专用胶黏剂涂刷在处理好的基层和壁纸上，然后把壁纸平整地裱贴于墙面的施工工艺。使用壁纸不仅可以增加房屋的色感和美观，还有其他的作用如：防裂、耐擦洗、覆盖力强、颜色持久、不易损伤等等。

【学习支持】

壁纸裱糊工程施工应遵循以下施工规范：

《建筑工程施工质量验收统一标准》GB50300-2013

《建筑装饰装修工程施工质量验收规范》GB50210-2011

《高级建筑装饰工程质量检验评定标准》BDJ01-27-2003

《建筑工程项目管理规范》GB/T50326-2006

《住宅装饰装修工程施工规范》GB50327-2002

《民用建筑工程室内环境污染控制规范》GB50325-2010

【知识链接】

墙纸是室内装饰中常用的一种装饰材料，广泛用于墙面、柱面及顶棚的裱糊装饰。裱糊工程常用的材料有塑料壁纸、墙布、金属壁纸、草席壁纸和胶黏剂等。在进行壁纸裱糊工程时要按照设计图纸所指的墙面进行施工。

塑料壁纸是目前应用较为广泛的壁纸。塑料壁纸主要以聚氯乙烯（PVC）为原料生产。在国际市场上，塑料壁纸大致可分为三类，即普通壁纸、发泡壁纸和特种壁纸。

（1）普通壁纸：是以 $80g/m$ 的木浆纸作为基材，表面再涂以约 $100g/m$ 的高分子乳液，经印花、压花而成。这种壁纸花色品种多，适用面广，价格低廉，耐光、耐老化、耐水擦洗，便于维护、耐用，广泛用于一般住房和公共建筑的内墙、柱面、顶棚的装饰。

（2）发泡壁纸：又称浮雕壁纸，是以 $100g/m$ 的木浆纸做基材，涂刷 $300 \sim 400g/m$ 掺有发泡剂的聚氯乙烯糊状料，印花后，再经加热发泡而成。壁纸表面呈凹凸花纹，立体感强，装饰效果好，并富有弹性。这类壁纸又有高发泡印花、低发泡印花、压花等品种。其中，高发泡纸发泡率较大，表面呈比较突出的、富有弹性的凹凸花纹，是一种装饰、吸声多功能壁纸，适用于影剧院、会议室、讲演厅、住宅顶棚等装饰。低发泡纸是在发泡平面印有图案的品种，适用于室内墙裙、客厅和内廊的装饰。

（3）特种壁纸：是指具有特殊功能的塑料面层壁纸，如耐水壁纸、防火壁纸、抗腐蚀壁纸、抗静电壁纸、健康壁纸、吸声壁纸等。

【学习提示】

施工中无论是哪种壁纸都应注意遵照规范要求制定合理的施工程序及安全措施。只有严格地按照操作规程精心施工，才能保证工程进度和质量。

【学习支持】

5.1.1　施工准备与前期工作

1. 作业条件

（1）混凝土和墙面抹灰已完成，且经过干燥，含水率不高于8%；木材制品不得大于12%。

（2）水电及设备、顶墙上预留预埋件已完。

（3）门窗油漆已完成。

（4）地板、地砖、踢脚线已铺贴，抛光、打蜡已完。

（5）墙面清扫干净，如有凹凸不平、缺棱掉角或局部面层损坏者，提前修补好并应干燥，预制混凝土表面提前刮石膏腻子找平。

（6）事先将突出墙面的设备部件等卸下收存好，待壁纸粘贴完后再将其部件重新装好复原。

（7）如基层色差大，设计选用的又是易透底的薄型壁纸，粘贴前应先进行基层处理，使其颜色一致。

（8）对湿度较大的房间和经常潮湿的墙体表面，如需做裱糊时，应采用防水性能的壁纸和胶粘剂等材料。

（9）如房间较高应提前准备好脚手架，房间不高应提前钉设木凳。

（10）对施工人员进行技术交底，强调技术措施和质量要求。大面积施工前应先做样板间，经鉴定合格后方可组织班组施工。

2. 材料要求：

（1）石膏、大白粉、滑石粉、聚醋酸乙烯乳胶、羟甲基纤维素、107胶或各种型号的壁纸、胶粘剂等。

（2）壁纸和墙布：为保证裱糊质量，各种壁纸的质量应符合设计要求和相应的国家标准。

（3）胶粘剂、嵌缝腻子、玻璃网布等，应根据设计和基层的实际需要提前备齐，但胶粘剂应满足建筑物的防火要求，避免在高温下因胶粘剂失去粘结力使壁纸脱落引起火灾。

3. 施工机具

裁纸工作台、钢板尺（1m 长）、壁纸刀、毛巾、塑料水桶、塑料脸盆、油工刮板、拌腻子槽、小辊、开刀、毛巾、排笔、擦布或棉丝、粉线包、小白线、铁制水平尺、托线板、线坠、盒尺、钉子、锤子、红铅笔、砂纸、笤帚、工具袋。

【任务实施】

5.1.2 施工操作程序与操作要点

1. 工艺流程

基层处理→吊直、套方、找规矩、弹线→计算用料、裁壁纸→浸水润纸→刷胶→粘贴壁纸→修剪

2. 操作工艺

（1）基层处理：裱糊工程的基层，要求坚实牢固、表面平整光洁、不疏松起皮，不掉粉，无砂粒、孔洞、麻点和飞刺，污垢和尘土应消除干净，否则壁纸就难以贴平整。

【知识链接】

1. 裱糊前应先在基层上刮腻子并磨平，裱糊壁纸的基层为了达到平整光滑、颜色一致的要求，就应视基层的情况，采取局部刮腻子、满刮一遍腻子或满刮两遍腻子处理，每遍干透后用 0 ～ 2 号砂纸磨平（图 5-1）。

图 5-1 基层处理

注意：以羧甲基纤维素为主要胶结料的腻子不宜使用，因为纤维素大白腻子强度太低，遇湿易胀。

2. 不同基层材料的相接处，如石膏板和木基层相接处，应用穿孔纸带糊糊，以防止裱糊后壁纸面层被撕裂或拉开，处理好基层表面要喷或刷一遍汁浆。一般抹基层可配制

801 胶:水 =1：1 喷刷,石膏板、木基层等可配制酚醛清漆:汽油 =1：3 喷刷,汁浆喷刷不宜过厚,要均匀一致。

3. 封闭底胶:待腻子干后,再刷一遍乳胶漆。若有泛碱部位,应用 9% 的稀醋酸中和。

(2)吊直、套方、找规矩、弹线:

顶棚:首先应将顶棚的对称中心线通过吊直、套方、找规矩的办法弹出中心线,以便从中间向两边对称控制。墙顶交接处的处理原则是:凡有挂镜线的按挂镜线弹线,没有挂镜线的按设计要求弹线。

墙面:首先应将房间四角的阴阳角吊垂直、套方、找规矩,并确定从哪个阴角开始按照壁纸的尺寸进行分块弹线控制(习惯做法是进门左阴角处开始铺贴第一张)。

【知识链接】

具体操作方法如下

1. 按壁纸的标准宽度找规矩,每个墙面的第一条纸都要弹线找垂直,第一条线距离墙阴角约 15cm 处,作为裱糊的准线(图 5-2)。

图 5-2 按壁纸的标准宽度找规矩

2. 在第一条壁纸位置的墙顶敲进一墙钉,将有粉垂线系上,铅坠下吊到踢脚上缘处,锤线静止不动后,一手紧握锤头,按锤线的位置用铅笔在墙面画一短线,再松开铅锤头查看垂线是否与铅笔短线重合。如果重合,就用一只手将垂线按在铅笔短线上,另一只手把垂线往外拉,放手后使其弹回,便可得到墙面的基准垂线。弹出的基准垂线越细越好。每个墙面的第一条垂线,应该定在距墙角距离约 15cm 处。墙面上有门窗的应增加门窗两边的垂直线。

3. 为了使裱糊饰面横平竖直、图案端正,每个墙面第一幅壁纸墙布都要挂垂线找直,作为裱糊的基准标志线,自第二幅起,先上端后下端对缝一次裱糊。

4. 有图案的壁纸,为保证做到整体墙面的图案对称,应在窗口中心部位弹好中心线,由中心线再向两边弹分格线。如窗户不在中间位置,为保证窗间墙的阳角处图案对称,应在窗间墙弹中心线,以此向两侧分幅弹线。对于无窗口的墙面,可选择一个距窗口墙面较近的阴角，在距壁纸幅宽处弹垂线。

【学习提示】

贴墙纸要从主要窗户的邻墙开始，从亮处向暗处贴过去。这样，即使墙纸边缝有交搭，也没阴影，搭接处不会很明显。如果有窗户的墙不止一面，应把最大的窗户作为主要光源。

（3）计算用料、裁壁纸：根据设计要求按照图案花色进行预拼，然后裁壁纸。

按基层实际尺寸进行测量计算所需用量，并在每边增加 2 ～ 3cm 作为裁纸量（图 5-3）。

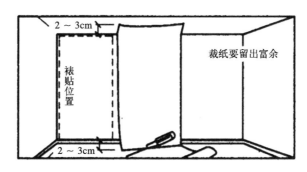

图 5-3　计算用料

裁剪在工作台上进行。对图案的材料，无论顶棚还是墙面均应从粘贴的第一张开始对花，墙面从上部开始。边裁边编顺序号，以便按顺序粘贴。

对于对花墙面，为减少浪费，应事先计算如一间房需 5 卷纸，则用 5 卷纸同时展开裁剪，可大大减少壁纸的浪费。

在裁剪壁纸之前，要认真复核尺寸有无出入，尺子紧压壁纸不得移动，刀刃紧贴尺边，一气呵成，中间不得停顿或变换持刀的角度，手劲要均匀

对于花纹图案较为具体的壁纸墙布，要事先明确裱糊后的花饰效果及其图案特征，应根据花纹图案和产品的边部情况，确定采用对口拼缝或是搭口裁割拼缝的具体拼接方式，应保证对接无误。

（4）浸水润纸：壁纸上墙前，应在壁纸的背面刷清水一遍，随即刷胶，或将壁纸放入水中 3 ～ 5 分钟后，取出将水擦净，静置约 15 分钟后，再进行刷胶。因为 PVC 壁纸遇水或胶水，即开始自由膨胀，干后自行收缩，如果在干的壁纸上刷胶后立即上墙裱糊，壁纸虽然被胶固定，但它会继续吸湿膨胀，因此壁纸必然会出现大量的气泡，褶皱。润湿后的壁纸再贴在墙面上，壁纸会随着水分的蒸发而收缩，绷紧。这样即使裱糊时有少量的气泡，干后也会自行胀平。

（5）刷胶：塑料壁纸的背面和基层表面都要涂刷胶粘剂，为了有足够的操作时间，壁纸背面和基层表面要同时刷胶，胶粘剂要集中调制，应除去里面的杂质和疙瘩。

胶水配置：胶水一般由墙纸胶粉和白胶混合而成，黏度适当，易于涂刷即可（图 5-4）。

图 5-4　调配胶水

根据胶粉包装盒上的使用说明先在桶中倒入规定数量的冷水，然后慢慢加入所需数量的粘合剂粉充分搅匀，直至胶液呈均匀状态为止不能结块。一般调好后原则上须过15分钟才可使用，壁纸越重，胶液的加水量应越小，要根据胶粉包装盒上厂家的说明进行调配。

刷胶时，基层表面刷胶的宽度要比壁纸宽约3cm。刷胶要全面、均匀、不裹边、不起堆，以防溢出，弄脏壁纸。但也不能刷的过少，甚至刷不到位，以免壁纸粘结不牢。一般抹灰墙面用胶量0.15kg/m²左右，纸面0.12kg/m²左右。壁纸背面刷胶后，应是胶面与胶面反复对叠，以避免胶干的太快，也便于上墙，并使裱糊的墙整洁平整（图5-5、图5-6）。

图 5-5　涂刷胶水

图 5-6　壁纸上也要涂刷胶水

（6）粘贴壁纸：裱贴壁纸时，首先要垂直，然后对花纹拼缝，再用刮板用力抹压平整。原则是先垂直面后水平面，先细部后大面。贴垂直面时先上后下，贴水平面时先高后低。

裱贴时剪刀和长刷可放在围裙袋中或手边。先将上过胶的壁纸下半截向上折一半，握住顶端的两角，在四角梯或凳上站稳后。展开上半截，凑近墙壁，使边缘靠着垂线成一直线，轻轻压平，由中间向外用刷子将上半截敷平，在壁纸顶端作出记号，然后用剪刀修齐踢脚板与墙壁间的角落。用海绵擦掉粘在踢脚板上的胶糊。壁纸贴平后，3～5h内，在其微干状态时，用小滚轮（中间微起拱）均匀用力滚压接缝处，这样做比传统的有机玻璃片抹刮能有效地减少对壁纸的损坏（图5-7）。

图 5-7　先裱贴上部

裱贴壁纸时，注意在阳角处不能拼缝，阴角边壁纸搭缝时，应先裱糊压在里面的转角壁纸，再粘贴非转角的正常壁纸。搭接面应根据阴角垂直度而定，搭接宽度一般小于2～3cm。并且要保持垂直毛边（图5-8）。

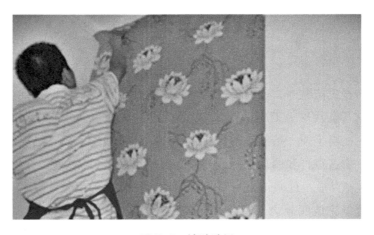

图 5-8　裱贴壁纸

　　裱糊前，应尽可能卸下墙上插座、开关盒面板等，首先要切断电源，用火柴棒或细木棒插入螺丝孔内，以便在裱糊时识别，以及在裱糊后切割留位。不能在壁纸上剪口再裱上去。操作时，将壁纸轻轻糊于插座、开关盒上面，并找到中心点，从中心开始切割十字，一直切到墙体边。然后用手按出开关体的轮廓位置，慢慢拉起多余的壁纸，剪去不需的部分，再用橡胶刮子刮平，并擦去刮出的胶液（图5-9、图5-10）。

图 5-9　套割插线板、开关

图 5-10　插线板、开关处裱贴

　　除了常规的直式裱贴外，还有斜式裱贴，若设计要求斜式裱贴，则在裱贴前的找规矩中增加找斜贴基准线这一工序。具体方法是：先在一面墙两上墙角间的中心墙顶处标明，由这点往下在墙上弹一条垂直的粉笔灰线。从这条线的底部，沿着墙底，测出与墙高相等的距离。由这点再和墙顶中心线连接，弹出另一条粉笔灰线。这条线就是一条确实的斜线。斜式裱贴壁纸比较浪费材料。在估计数量时，应预先考虑这一点。

　　当墙面的墙纸完成四分之二左右或自裱贴施工开始40～60min后，需安排一人用滚轮，从第一张墙纸开始滚压或抹平，直至将已完成的墙纸面滚压一遍。工序的原理和作用是：因墙纸胶液的特性为开始润滑性好，易于墙纸的对缝裱贴，当胶液内水分被墙体或墙纸逐步吸收后但还没干时，胶性逐渐增大，时间均为 40 ～ 60min，这时的胶液黏性最大，对墙面进行滚压，可使墙纸与基面更好贴合，使对缝处更加密合。

（7）修剪：修剪掉边上多余的墙纸，使整个墙面更加整洁（图 5-11）。

图 5-11　修剪掉边上多余的墙纸

（8）成品保护：

墙纸装修饰面已裱糊完的房间应及时清理干净，不准做临时料房或休息室，避免污染和损坏，应设专人负责管理，如及时锁门，定期通风换气、排气等（图 5-12）。

图 5-12　裱贴完成

在整个墙面装饰工程裱糊施工过程中，严禁非操作人员随意触摸成品。操作者应注意保护墙面，墙面裱糊时，各道工序必须严格按照规程施工，操作时要做到干净利落，边缝要切割整齐到位，胶痕迹要擦干净。严禁污染和损坏成品。

严禁在已裱糊完的房间内剔眼打洞。若纯属设计变更所至，也应采取可靠有效措施，施工时要仔细，小心保护，施工后要及时认真修补，以保证成品完整。注意保护，防止污染、碰撞与损坏墙面。

【学习支持】

5.1.3 施工质量控制要求

（1）壁纸、墙布的种类、规格、图案、颜色和燃烧性能等级必须符合设计要求及国家现行的有关规定。

（2）裱糊工程基层处理质量应符合要求。

（3）裱糊后各幅拼接应横平竖直，拼接处花纹、图案应吻合，不离缝，不搭接，不显拼缝。

（4）壁纸、墙布应粘贴牢固，不得有楼贴、补贴、脱层、空鼓和翘边。

（5）裱糊后的壁纸、墙布表面应平整，色泽应一致，不得有波纹起伏、气泡、裂缝、皱折及污斑，斜视时应无胶痕。

（6）壁纸、墙布与各种装饰线、设备线盒应交接严密。

（7）壁纸、墙布边缘应平直整齐，不得有纸毛、飞刺。

（8）壁纸、墙布阴角处搭接应顺光，阳角处应无接缝。

5.1.4 常见工程质量问题及防治方法

1. 翘边

现象：是壁纸边沿脱离开基层而卷翘起来。

原因：

1）基层有灰尘、油污等或表面粗糙、干燥或潮湿。

2）胶粘剂黏性小，特别在阳角处更易出现翘起。

3）胶粘剂局部不均匀或过早干燥。

4）阳角处裹过阳角的壁纸少于 2cm，未能克服壁纸的表面张力，也易起翘。

预防措施：

1）清理基层。

2）壁纸裱糊刷胶粘剂时，一般可在壁纸背面和基层同时刷胶粘剂。

3）壁纸上墙后，用工具由上至下抹刮，顺序刮平压实，并及时用湿毛巾或棉丝将挤压出的多余的胶液擦净。注意滚压接缝边沿时不要用力过大，以防胶液被挤干失去粘结性。擦余胶的布不可太潮湿，避免水由纸边渗入基层，冲淡胶液，降低粘合强度。

4）严禁在阳角处甩缝，壁纸应裹过阳角 ≥ 2cm，包角须用黏性强的胶粘剂并压实，不得有气泡。

2. 表面空鼓（气泡）

现象：壁纸表面出现小块凸起，用手按压，有弹性和与基层附着不实的感觉，敲击时有鼓音。

原因：

1）白灰或其他基层较松软，强度低，有裂纹空鼓或孔洞、凹陷处未用腻子刮抹找平、填补不坚实。

2）基层表面有灰尘、油污或基层潮湿，含水率大

3）赶压不得当，往返挤压胶液次数过多，使胶液干燥失去粘结作用或赶压力量太小，多余的胶液未挤出，形成胶囊状或未将壁纸内部的空气全部挤出而形成气泡。

4）涂刷胶液厚薄不匀或漏刷。

3. 死褶

现象：在壁纸表面上有皱纹棱脊凸起，影响壁纸的美观。

原因：

1）壁纸材质不良或壁纸较薄。

2）操作技术不佳。

预防措施：

①用材质优良的壁纸，不使用次残品，对优质壁纸也需进行检查，厚薄不匀的要剪掉。

②裱贴时，用手将壁纸舒平后，才可用刮板均匀赶压。在壁纸未展平前，不得使用钢皮刮板硬推压。当壁纸已出现皱褶时，必须轻轻揭起壁纸，慢慢推平，待无皱褶时再赶压平整。

【评价】

通过实训操作进行考核评价，按时间、质量、安全、文明、环保要求进行考核。首先学生按照表 5-1 项目考核评分，先自评，在自评的基础上，由本组的同学互评，最后由教师进行总结评分。

项目综合实训考核评价表 　　　　　　　表 5-1

姓名： 　　　　　　　　　　　　　　　　　　　　　　　　　　　总分：

序号	考核项目	考核内容及要求	评分标准	配分	学生自评	学生互评	教师考评	得分
1	时间要求	270 分钟	不按时无分	10				
2	质量要求	基层处理定位	1. 对基层处理不规范扣 5 分 2. 定位技术准备不充分扣 5 分	10				
		计算用料裁壁纸	1. 不能正确计算实际用料扣 15 分 2. 裁剪不符合施工规范扣 15 分	30				
		刷胶粘贴壁纸	1. 刷胶不均匀扣 15 分 2. 壁纸粘贴不合理扣 15 分	30				

序号	考核项目	考核内容及要求	评分标准	配分	学生自评	学生互评	教师考评	得分
2	质量要求	修剪 成品保护	1. 修剪不正确扣 10 分 2. 未按规范保护成品扣 10 分	20				
3	安全要求	遵守安全操作规程	不遵守酌情扣 1～5 分					
4	文明要求	遵守文明生产规则	不遵守酌情扣 1～5 分					
5	环保要求	遵守环保生产规则	不遵守酌情扣 1～5 分					

注：如出现重大安全、文明、环保事故，本项目考核记为零分

【课后讨论】

1. 简述壁纸裱糊施工的工艺流程及质量控制要点？
2. 壁纸的分类及材料特点？

任务 2　建筑装饰软包工程施工

【任务描述】

　　软包和硬包是背景墙装修的一类处理手法，其装修工艺大同小异，软包是在蒙面布下垫有一定厚度的弹性软材料（如泡沫塑料）；硬包的蒙面布直接就贴在了基层板上（水泥墙面或基层木板上）。属裱糊工艺的一种。

　　软包装饰能够吸音降噪、恒温保暖、还可以防震缓冲给人一种舒适温馨的感觉，在现代装饰中越来越多的受到人们的青睐。

　　本节主要介绍软包工程的施工方法。

【学习支持】

装饰软包工程施工应遵循以下施工规范：
《建筑工程施工质量验收统一标准》GB50300－2013
《建筑装饰装修工程施工质量验收规范》GB50210－2011
《民用建筑工程室内环境污染控制规范》GB50325－2010
《建筑工程项目管理规范》GB/T50326－2006

《建筑内部装修设计防火规范》GB50222-95
《住宅装饰装修工程施工规范》GB50327-2002
《高级建筑装饰工程质量检验评定标准》BDJ01-27-2003

【知识链接】软包的几种常见形式

1. 传统软包：我们最常见的就是块状软包，这种软包很平均，海绵厚度由 2 ~ 5cm 不等，在做背景墙的时候可以使用大小相等的软包，也可以使用大小软包混搭，都有不错的效果（图 5-13）。

图 5-13　传统软包

2. 型条软包；这种软包造型是现阶段比较流行的一种，它能制造出很多不同图案的造型组合，相比块状而且视觉效果会更加突出一点，它的主要差别是在于海绵的高低，想要视觉效果平整，海绵厚度 2cm 即可，想要立体感比较强的，海绵厚度可以使用到 3cm 以上（图 5-14）。

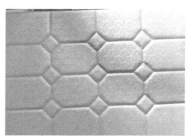

图 5-14　型条软包的安装

3. 皮雕软包；款式新颖，阻燃耐磨。是一种专业性比较强的软包（图 5-15）。

图 5-15　皮雕软包

【知识链接】软包的优点

（1）软包能够吸声降噪。客厅是亲友欢聚的场所，所以客厅的电视背景墙成为最吸引眼球的地方。电视背景墙运用软包的方式装饰，通过精心设计组合个性化图案，既有装饰性，又具有实用性，还能够达到室内吸声降噪的效果。

（2）恒温保暖。软包对于室内具有保温性能，可以有效控制室内温度。不管严冬还是酷暑，可以营造良好的恒温效果，让忙碌一天的人倍感轻松，同时还有利于节能减排。

（3）软包还可以防震缓冲。这对于家有小孩的尤其实用，家长经常担心孩子磕着碰着，软包可以起到缓冲的作用，能有效保护孩子的安全。儿童房内使用软包更是家长明智的选择。

（4）易于保养。软包不仅实用，而且很容易保养。但软包应该尽量避免阳光直射，还要远离热源。表面浮尘和碎屑应该用吸尘器处理。

【学习提示】

施工中应注意遵照规范要求制定合理的施工程序及安全措施。只有严格地按照操作规程精心施工，才能保证工程进度和质量。不能违背操作规程进行施工。养成文明施工的良好习惯，对施工现场应及时清扫整理，做到工完场清。

【学习支持】

5.2.1　施工准备与前期工作

1. 作业条件

1）混凝土和墙面抹灰完成，基层已按设计要求埋入木砖或木筋，水泥砂浆找平层已抹完并刷冷底子油。且经过干燥，含水率不大于8%；木材制品的含水率不得大于12%。

2）水电及设备，顶、墙上预留预埋件已完成。

3）房间的吊顶、地面分项工程基本完成，并符合设计要求。

4）调整基层并进行检查，要求基层平整、牢固，垂直度、平整度均符合细木制作验收规范。

5）房间里的木护墙和细木装修底板已基本完成，并符合设计要求。

6）对施工人员进行技术交底时，应强调技术措施和质量要求。大面积施工前。应先做样板间，经鉴定合格后，方可组织班组施工。

2. 材料要求

海绵选择：因主材型条的厚度规格所限制，海绵的厚度不得低于 1.5cm，一般在 2～5cm 之间进行选择。效果：2cm 为平面、3cm 微凸弧面、4cm 中凸弧面、5cm 高凸弧面，吸声效果和柔软度应根据海绵的密度来选择。

面料的选择：面料基本是布料和皮革两重种，不限质地的选择，但面料必须结实抗拉（大部分具备），而且面料对叠（双层）后厚度不得高于 5mm，为保证型条夹口的长久地张力。

型条结构：A101 为型条的型号，高分子 PVC 材质，是目前应用最为广泛的一种。特点：方便更换面料、可塑性较强、可反复利用、安装便利、拼缝整齐等。规格：宽 3cm、厚 1.5cm、长 2m 分解规格：夹槽厚 1.5cm、宽 1cm，安装面宽 2cm

3. 施工机具

气泵、气钉枪、蚊钉枪、曲线锯、织物剪裁工作台、长卷尺、盒尺、钢板直尺、方角尺、小辊、开刀、毛刷、排笔、擦布或棉丝、砂纸、锤子、弹线用的粉线包、墨斗、小白线、托线板、红铅笔、剪刀、电剪、电熨斗、划粉饼、缝纫机、工具袋、水准仪、经纬仪等。

【任务实施】

5.2.2　施工操作程序与操作要点

1. 工艺流程

基层或底板处理→弹线→钉型条→海绵填充→面料包饰→型条收边→自检验收、成品保护

2. 操作工艺

（1）基层或地板处理：室内墙体抹灰干燥后，需进行空鼓与平整度的检测，根据环境的要求，看墙体是否需要进行防潮、防火、防腐"三防"处理。

【知识链接】

基层一般要做骨架，骨架一般为木龙骨或轻钢龙骨，基层板可采用木工板和石膏板

基层，在施工中建议使用轻钢龙骨做骨架，石膏板做基层，因为轻钢龙骨与石膏板具有符合消防要求，不变形成本适中的优点（图5-16）。

图 5-16　软包基层处理

（2）弹线：在铺有底板的墙面上根据设计要求放线绘制图案。

在软包安装区域的底板上，将设计的图形还原成比例线条。直线一般使用木工墨斗弹线，会较为精准。如底板上有其他杂线条，就使用不同颜色的墨水，保证线条清晰容易辨认（图5-17）。

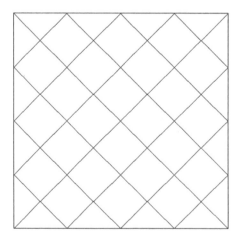

图 5-17　在基层上放线

（3）钉型条：将型条按墙面划线铺钉，遇到交叉时在相交位置将型条固定面剪出缺口以免相交处重叠。遇到曲线时，将型条固定面剪成锯齿状后弯曲铺钉。

根据图形，先选择框架的边条进行固定。先用钢剪将型条切出45°，用于直角边的对接处构成框架的横竖条与边条的交汇处，提前留出切口，为保障夹口交汇畅通，还要在边条上锯出 2～3mm 的缺口（图5-18）。

图 5-18　边条固定

接下来固定边条，固定边条时与边框留出 2 ～ 3mm 的缝隙，为收边做准备。而且必须保证对角后夹口的畅通。边条固定完毕后，开始按照经纬线固定，横竖向选横条或竖条用整根，没有规定限制。主是先留切口和锯口，保证纵横交汇畅通，是型条固定安装的重中只重，好比房屋的基梁。

（4）海绵填充：框架固定完毕后，根据框架分隔出的空白区域进行测量，按照尺寸来裁切海绵。

将海绵切成夹条分割的单元格大小（可以略小一点，长宽各收进 0.5cm），如是标准的长方形或菱形，可用墨斗在海绵上弹好线，再割出小块，遇到不规则的图形，可用硬纸板做出模型，再按模型来割（图 5-19）。

图 5-19　裁切海绵

海绵的切割工具，用墙纸刀（或美工刀），也可以用钢锯条，切割时刀口与海绵的角度应小于 45°角，以免切口破裂。

用万能胶或地板胶点刷需要填海绵的墙面，将海绵贴上，胶水不宜太多，只需点刷，不让海绵掉下来即可。

海绵可以拼接，遇到切割破了的海绵，可以将破处整齐切除，再用少量胶水接上一块即可。

（5）面料包饰：将面料剪成软包单元的规格，根据海绵的厚度略放大边幅，用插刀将面料插入型条缝隙。插入时不要插到底，待面料四边定型后可边插边调整。如果面料为同一款素色面料，则不需要将面料剪开，先将中间部分夹缝填好，再向周围延展。

【知识链接】

如果面料不需要一个一个的分割开，插面料时先从该块面料中间位置的夹条开始，然后将平行于中间线的夹条逐条插好，完了以后再插相交的夹条的面料（图 5-20）。

图 5-20　面料包饰

插面料时一只手握住插刀，另一只手带住面料，使插刀插入时软包面料不起皱（图 5-21）。

图 5-21　面料插塞

手带面料时，松紧度应适宜均匀，不要让软包面绷得太紧，但又要使软包表面弧形自然美观。

（6）型条收边：框架主体的面料基本塞完后，进行最后一道工序——收边。

紧靠木线条或者相邻墙面时可直接插入相邻的缝隙，插入面料前在缝隙边略涂胶水。

若面料较薄，则剪出一长条面料粘贴加厚，再将收边面料覆盖在上面插入型条与墙面的夹缝，这样侧面看上去就会平整美观（图 5-22）。

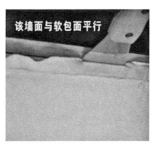

图 5-22 面料收边插塞

（7）自检验收、成品保护

1）检查插缝的面料是否插到位，收边是否整齐。

2）软包全面完工以后，软包面如果是绒布的（特别是有倒顺毛的）需要用棕刷或干净湿面料顺着毛的方向梳理一遍，以防绒布毛面倒状引起视觉不适。如果遇到伏绒毛立不起来的，可用蒸汽（或电吹风）吹立（图 5-23）。

图 5-23 软包完工

3）自检合格后需立即进行成品保护，面料如果污染将无法清理。可用保护膜密封保护，防止粉尘污染。

【学习支持】

【知识链接】

1.型条相交处要留空隙，根据面料厚度确定留空隙的大小。

2.真丝薄面料需要先铺一层里布，再插面料。其他薄滑面料，如果型条夹不紧时，可在夹缝中填入一条直径在 3～4mm 的棉绳。

3.插面料的插刀用品质较好的弹簧钢的油漆刀，将角打磨成圆角。

4.插人造革时如果阻力较大，可在刀插入的地方涂些兑水清洁剂，另外插刀也要沾些清洁剂以防磨损。

5.遇到有电源开关或插座时，可将型条订成与线盒大小相同的方格，空出线盒大小的位置。

5.2.3 施工质量控制要求

1.软包的面料、内衬材料及边框的材质、颜色、图案、燃烧性能等级和木材的含水率应符合设计要求及国家现行标准的有关规定。

2.软包工程的安装位置和构造方法应该符合设计要求。

3.龙骨、衬板、边框应安装牢固，无翘曲，拼缝应对齐。

4.单块软包面料不应该有接缝，四周应该绷压严密。

5.软包工程表面应平整、清洁、无凹凸不平的皱褶，图案应该清晰、无色差、整体应协调美观。边框应平整、顺直、接缝吻合。

6.软包工程安装的允许偏差和检验方法见表 5-2 中的规定。

表 5-2

项次	项目	允许偏差（mm）	检验方法
1	垂直度	3	用 1m 垂直检测尺检查
2	边框宽度、高度	0，-2	用钢尺检查
3	对角线长度差	3	用钢尺检查
4	裁口、线条接缝高低差	1	用直尺和塞尺检查

5.2.4 常见工程质量问题及防治方法

1.软包墙面龙骨衬板边框翘曲变形。
原因：是龙骨衬板所用木材含水率不达标。

预防措施为：①施工中要选用含水率小于 12%，经工厂烘干的半成品木料或选用优质胶合板。②龙骨和衬板的规格尺寸应小于软包工程安装的允许偏差。③龙骨与衬板应连接牢固。

2. 软包表面凹凸不平。

原因：墙面填充料不饱满，造成软包墙面厚度不一致及凹凸不平现象。

预防措施：应用同材质的填充料，粘结填充料（海绵）时必须用中性，或其他不含腐蚀成分的胶粘剂，防止胶粘剂腐蚀填充料造成（海绵）厚度减少，导致软包墙面厚度不一现象。

3. 软包工程表面污染、不洁净、图案不清晰、有色差。

原因：施工操作污染表面，软包面料有色素。

预防措施：①要求操作工人的手、使用工具（开刀、壁纸刀、白色抹布）及操作台面保持清洁。　②裁剪面料要注意花纹走向，经纬线顺直，做到同一房间同种面料，花纹图案位置相同。③为防止其他工序污染墙面，对已完成的软包墙面用塑料膜予以遮盖。

4. 软包墙面局部有皱褶，松紧不适度现象。

原因：软包料裁剪不整齐，规格不一致。

预防措施：①填充料（海绵）边缘切割必须整齐，不得有锯齿形，并填充饱满。②面料单元尺寸裁剪正确，绷压松紧适度，棱角必须方正，周边平顺，弧度一致。

【评价】

通过实训操作进行考核评价，按时间、质量、安全、文明、环保要求进行考核。首先学生按照表 5-3 项目考核评分，先自评，在自评的基础上，由本组的同学互评，最后由教师进行总结评分。

项目综合实训考核评价表　　　　　　表 5-3

姓名：　　　　　　　　　　　　　　　　　　　　　　　　　　　　　　　　　　总分：

序号	考核项目	考核内容及要求	评分标准	配分	学生自评	学生互评	教师考评	得分
1	时间要求	270 分钟	不按时无分	10				
2	质量要求	基层处理	1. 处理不规范扣 10 分 2. 背板制作不规范扣 10 分	10				
		弹线	1. 弹线不规范扣 10 分 2. 线条分布不均匀扣 10 分	30				
		钉型条 海绵填充 面料包饰	1. 钉型条钉得不规范扣 10 分 2. 海绵填充不饱满扣 10 分 3. 面料包饰不规范扣 10 分	30				
		收边 自我验收 成品保护	1. 收边不合理扣 10 分 2. 自我验收不正确扣 10 分 3. 成品保护不正确扣 10 分	20				

序号	考核 项目	考核内容及要求	评分标准	配分	学生 自评	学生 互评	教师 考评	得分
3	安全要求	遵守安全操作规程	不遵守酌情扣 1～5 分					
4	文明要求	遵守文明生产规则	不遵守酌情扣 1～5 分					
5	环保要求	遵守环保生产规则	不遵守酌情扣 1～5 分					

注：如出现重大安全、文明、环保事故，本项目考核记为零分。

【课后讨论】

1. 试述软包施工的工艺标准？
2. 软包工程常见质量问题及防治方法？

项目 6
建筑装饰门窗工程

【项目概述】

门窗是建筑物结构的重要组成部分，也是装饰装修工程的重要部分，门窗工程施工包括生产制作和现场安装两个工序，根据所用材料的不同，一些门窗是在工厂生产，施工现场只需安装即可，如钢制门窗、塑料门窗等，而部分材料的门窗则有较多的现场制作工作，如木门窗、铝合金门窗等。本项目主要介绍常见的塑钢门窗安装施工、铝合金门窗安装施工、木门窗安装施工。

【学习目标】

知识目标：通过本课程的学习，掌握建筑装饰装修门窗工程的施工工艺、操作程序、质量标准及要求；掌握室内装饰门窗工程施工材料品种、规格及特点；能熟练识读施工图纸。

能力目标：通过本课程的学习，能根据门窗工程的施工工艺、施工要点质量通病防范等知识编制具体的施工技术方案并组织施工；能够按照装饰装修门窗工程质量验收标准，进行工程的质量检验；能够进行技术资料管理，整理相关的技术资料；能够处理现场出现的问题，提高解决问题的能力；能正确选用、操作和维护常用施工机具，正确使用常用测量仪器与工具。

素质目标：通过本课程的学习，培养具有严谨的工作作风和敬业爱岗的工作态度，自觉遵守安全文明施工的职业道德和行业规范；具备能自主学习、独立分析问题、解决问题的能力；具有较强的与客户交流沟通的能力、良好的语言表达能力。

任务 1　建筑装饰塑钢门窗安装施工

【任务描述】

　　塑钢门窗就是钙质门窗（又称硬质 PVC 门窗），因其优良的品质使用较为广泛。它是用聚氯乙烯树脂等材料经机械加工制成，其空腔中设有衬钢，有质量轻、抗老化、保温隔热、绝缘、抗冻、成型简单、耐腐蚀、防水和隔声等特点。

　　塑钢门窗型材均为工厂生产制作，现场施工主要是安装工程施工。

【学习支持】

　　建筑装饰塑钢门窗安装施工应遵循以下施工规范：
　　《建筑工程施工质量验收统一标准》GB50300－2013
　　《建筑装饰装修工程施工质量验收规范》GB50210－2011
　　《建筑工程项目管理规范》GB/T50326－2006
　　《高级建筑装饰工程质量检验评定标准》BDJ01－27－2003
　　《建筑安装分项工程施工工艺规程》BDJ01－26－2003
　　《住宅装饰装修工程施工规范》GB50327－2002

　　建筑施工图和门窗大样图是塑钢门窗安装施工的主要依据，建筑施工图和门窗大样图的正确识读是塑钢门窗安装工程能顺利实施的基本保证，在建筑施工图和门窗大样图里能表达出门窗及配件的材料、规格及安装方式等信息。

　　建筑施工图和门窗大样图的识读是一个循序渐进的过程，在学习开始时可以在老师的指导下熟悉各种建筑施工图和门窗大样图，逐步过渡到独立识读，并结合实际施工过程，这样才能收到较好的效果。

　　施工前应认真熟悉图纸和相关技术资料，弄清设计意图和对施工的各项技术质量要求，弄清各部位的尺寸及相关的标高、位置。在此基础上与其他的有关专业工种进行图纸会审只有通过图纸会审，才能找出设计上和各施工工种间存在的问题，减少施工中的差错，并提出问题的解决措施。

【学习提示】

　　施工中应注意遵照规范要求和设计图纸制定合理的施工程序及安全措施。只有严格地按照操作规程精心施工，才能保证工程进度和施工质量。

　　不能违背操作规程进行施工。

按照设计图纸和设计说明进行选材、施工和验收。

养成文明施工的良好习惯，对施工现场应及时清扫整理，做到工完、料尽、场清。

【学习支持】

6.1.1 施工准备与前期工作

1.作业条件

1）室内外墙体应粉刷完毕，洞口套抹好底灰，结构质量经验收符合要求，工种之间办好交接手续。

2）对照图纸检查、清理门窗洞口尺寸和预埋铁件。

3）其他日常准备工作完毕。

2.材料要求

（1）塑钢门窗成型后的运输与堆放应加强管理。堆放应选择平整的场地，严禁与地面直接接触，分类架空堆放，底部垫高大于 100mm，立放角度不小于 70°，四周设置防护设施，以免其他外力造成损坏。

（2）塑钢门窗按照国家 JG/T140-2005 随机抽取 5% 不得少于三樘，进行启闭力、反复启闭性能、同一平面高低之差、装配间隙、规格尺寸丈量、目测外观质量，并查看出厂检验合格证。

（3）产品明显部位注明产品标志、制造厂名或商标、产品名称、产品型号规格、安装部位。型材表面应有胶质薄膜保护。运输中应捆扎稳妥，以保证产品不受摩擦损伤。

（4）塑钢门窗的规格、型号应符合设计要求，五金配件配套齐全。塑钢门窗成品、半成品及材料进场前必须报监理和甲方代表进行进场验收，合格后才许进场安装。

（5）连接铁脚、连接板、焊条、防水密封胶、防锈漆、镀锌铆钉、塑钢垫、压条等应符合要求。

3.施工机具

吊线锤、灰线袋、水平尺、挂线板、钢卷尺、螺丝刀、扳手、手锤、钢錾子、电钻、射钉枪、线锯、切割机、电焊机等。另外需要脚手架安装时，保留或提前搭设脚手架。

【任务实施】

6.1.2 施工操作程序与操作要点

1.安装工艺流程

塑料门窗均采用塞口法（预留孔洞）安装，其工艺流程为：找平放线→装固定片→

安装门窗框→填塞框墙间弹性嵌固材料（塑料发泡剂）→清理→安装门窗扇及玻璃→安装五金配件→交工验收。

2. 操作工艺

1）找平放线

按图纸尺寸弹好窗中线，并弹好室内 +50cm 水平线，校核门窗洞口位置尺寸及标高是否符合设计图纸要求，如有问题应提前进行剔凿处理（图 6-1）。

图 6-1　找平放线

【知识链接】

（1）安装人员应复查一般粉刷面洞口尺寸：门窗框宽度 +50mm，窗框高度 +50mm，门框高度 +25mm，门窗洞口尺寸的允许偏差：高度和宽度允许偏差 5mm，对角线长度差不得大于 5mm，洞口下口面水平标高允许偏差 5mm 各洞口的中心线与建筑物基准轴线偏差不得大于 5mm.

（2）门窗框上铁脚间距一般为 500mm，设置在框转角处的铁脚位置离转角边缘 100 ~ 200 ㎜。

（3）门窗一般居中安装。

（4）检查塑钢门窗两侧连接铁脚位置与墙体预留洞口是否吻合，若不吻合，应提前剔凿处理，并应及时将洞口内杂物清理干净。

（5）塑钢门窗的拆包、检查，将窗框的包扎布拆去，按照图纸要求核对型号、规格、开启形式、开启方向、安装孔方位及组合杆、附件等，并检查塑钢门窗的质量，如发现有窜角、翘曲不平、严重损伤、划伤、偏差超标、外观色差大等问题，应立即更换。

（6）检查塑钢门窗上粘的保护膜，应补粘后再施工安装。

2）安装铁脚

把连接件（即铁脚）与框成 45°放入框内背面槽口，然后沿顺时针方向把连接件扳成直角，旋进一只自攻螺钉固定。

3）立框

门窗放入洞口安装线上就位，用对拔木塞临时固定，校正垂直度、水平度后将木塞固定牢。为防止门窗框受弯损伤，木塞应固定在边框、中横竖框部位。框扇固定后及时开启门窗扇，检查开关灵活度（图 6-2）。

图 6-2　查验窗框平整度

4）填缝：①门窗洞口面层粉刷前，去除木塞，在门窗周围缝隙内塞入发泡轻质材料（丙烯酸酯或聚氨酯），以适应热胀冷缩；②框周清除浮灰，均匀注满密封膏。严禁用水泥或麻刀灰塞填，以免框料变形和裂缝渗漏。

5）安装玻璃和五金件：①先在框料上钻孔，然后用自攻螺钉拧入，严禁直接锤击钉入；②可拆卸（如推拉窗）的窗扇，可先安玻璃再装窗扇；③扇框合一的（如半玻平开门），可安装框扇后再装玻璃（图 6-3、图 6-4）。

图 6-3　安装窗框

图 6-4　自攻螺钉固定窗框

6）成品保护。整个安装过程框扇上的保护膜必须保存完好。否则应先在门窗框扇上贴好防护膜，防止水泥砂浆污染。局部受污染部位应及时用抹布擦干净。玻璃安装后应及时擦除玻璃上的胶液。门窗工程完成后若尚有其他土建工作交叉进行，则对每樘门窗务必采取保护措施，防止利器划伤门窗表面，并防止电焊、气焊的火花、火焰烫伤或烧伤表面。

严禁在门窗框扇上搭设脚手板，悬挂重物，外脚手架不得支顶在框和扇的横档上（图 6-5）。

图 6-5　不规范施工

6.1.3　施工质量控制要求

1. 塑钢门窗的材质，应符合《窗用未增塑聚氯乙烯（PVC-U）型材》JG/T140-2005

要求。

2. 塑钢门窗型材的进场，必须进行抽样检验和验收。

3. 塑钢门窗型材的储存，应放置在室内专用支架上，堆放时，必须一层一层，分层用软质材料隔开，避免型材表面损伤，如露天堆放，上面用防水材料遮盖以防受潮、腐蚀、氧化膜变色等缺陷。

4. 依照合同施工详图、施工说明及验收规范做好隐蔽工程、分项工程的验收工作；尤其是连接片的固定要牢靠，框料对角尺寸要一致，垂直度良好，门窗左、上、右三边填充发泡剂，填充发泡剂要密实。玻璃胶要规范、线条美观等。

5. 塑钢门窗在制作过程中，要始终注意轻起轻放，无论是型材、构件或成品的堆放，不许直接无分层保护措施的堆放和堆放在有腐蚀的地方。所使用的紧固螺钉、螺栓、配件以及配置的零件必须采用铁质、铜质表面镀锌处理和不锈钢材料，不许直接使用表面未处理的铁铜质材料。

6. 塑钢门窗成品后，其包装、标志、运输及保管均按规定执行。

7. 塑钢门窗加工时，必须严格执行工艺技术标准，不允许偷减工艺或任意修改。在施工中，如被发现产品的品种、型号、规格、颜色和质量不合规定，应当及时更换。

8. 塑钢门窗装入洞口临时固定后，应检查四周边框和中间框架是否用规定的保护胶纸和塑钢薄膜封贴包扎好，再进行门窗框与墙体之间缝隙的填嵌和洞口墙体表面装饰施工，以防止水泥砂浆、灰水、喷涂材料等污染损坏塑钢门窗表面。在室内外湿作业未完成前，不能破坏门窗表面的保护材料。

9. 严禁在安装好的 PVC 门窗上安放脚手架，悬挂重物。经常出入的门洞口，应及时保护好门框，严禁施工人员踩踏 PVC 门窗和碰擦。

6.1.4 常见工程质量问题及防治方法

1. 小五金易锈蚀。防治措施：小五金应选用镀铬、不锈钢或铜质材料。

2. 门窗框变形。防治措施：①临时固定门窗框的对拔木楔，应设置在边框、中横框、中竖框等能受力部位。门框下口，必须安装水平木撑子方可拔楔；②对拔楔固定后，应从严校正门窗框的正侧面垂直度、对角线和水平度；如有偏差值超过规定，则应进行调整，直至合格为止，使门窗扇能启闭正常。

3. 门窗起闭不正常。防治措施：①门窗框与扇应配套组装；②安装门窗时，其门扇应放入框内，待框和扇四周缝隙合适，扇反复启闭灵活后，方可将门窗框子固定牢固。

4. 门窗框显锤痕。防治措施：①安装时，严禁用锤子敲打门窗框；如需轻击时，应垫木板，锤子不得直接接触框料；②框扇上的污物，严禁使用刮刀，只能用软物轻轻擦去；③有严重锤痕的门窗，应撤除换新。

5. 硬物塞缝。防治措施：①门窗框与洞口墙体之间的填缝材料，必须采用发泡的软质材料；安装前应备足塞缝材料；②严禁采用含沥青的材料、水泥砂浆或麻刀灰塞缝；③双面注密封膏应冒出连接件 1～2mm。

6. 门窗污染。防治措施：①洞口粉刷时，必须粘防污纸；②个别被水泥砂浆污染部位，应立即用擦布抹干净；③门窗玻璃安装后，及时擦去胶液，使玻璃明亮无痕。

【评价】

通过实训操作进行考核评价，按时间、质量、安全、文明、环保要求进行考核。首先学生按照表 6-1 项目考核评分，先自评，在自评的基础上，由本组的同学互评，最后由教师进行总结评分。

项目综合实训考核评价表　　　　表 6-1

姓名：　　　　　　　　　　　　　　　　　　　　　　　　　　　　　　　　　　　　总分：

序号	考核项目	考核内容及要求	评分标准	配分	学生自评	学生互评	教师考评	得分
1	时间要求	270 分钟	不按时无分	10				
2	质量要求	定位放线	1. 处理不规范扣 5 分 2. 技术准备不充分扣 5 分	10				
		安装铁脚	1. 不能正确使用工具扣 15 分 2. 不符合施工规范扣 15 分	30				
		立框、填缝	1. 平整度不平扣 15 分 2. 填缝不符合要求扣 15 分	30				
		安装五金件和玻璃	1. 安装不规范扣 10 分 2. 不能正确安装扣 10 分	20				
3	安全要求	遵守安全操作规程	不遵守酌情扣 1～5 分					
4	文明要求	遵守文明生产规则	不遵守酌情扣 1～5 分					
5	环保要求	遵守环保生产规则	不遵守酌情扣 1～5 分					

注：如出现重大安全、文明、环保事故，本项目考核记为零分。

【课后讨论】

1. 请简述塑钢门窗安装施工原则有哪些？

2. 如何正确进行塑钢门窗框的安装？

3. 请编制塑钢门窗工程施工流程。

任务 2　建筑装饰铝合金门窗安装施工

【任务描述】

　　铝合金门窗属于金属门窗的一种，由于铝合金表面经过氧化，光洁闪亮。窗扇框架大，可镶较大面积的玻璃，让室内光线充足明亮，增强了室内外之间立面虚实对比，让居室更富有层次。铝合金本身易于挤压，型材的横断面尺寸精确，加工精确度高。因此在装修中很工程都选择采用铝合金门窗。

　　目前铝合金门窗主要有两大类，一类是推拉门窗系列，另一类是平开门窗系列。由于其型材特点，可在现场加工制作安装，也可在工厂加工成半成品或成品到现场再进行安装施工。本节主要介绍铝合金门窗的现场安装施工方法。

【学习支持】

铝合金门窗工程施工执行以下国家规范：

《建筑工程施工质量验收统一标准》GB50300-2013

《建筑装饰装修工程施工质量验收规范》GB50210-2011

《建筑安装分项工程施工工艺规程》BDJ01-26-2003

《住宅装饰装修工程施工规范》GB50327-2002

【提醒】

　　在许多改建的装饰工程中，常将原有的钢窗、木门窗、改为铝合金门窗，这时应将原有的洞口进行清理、找平、找方，并量出洞口的实际尺寸。这种洞口不一定符合建筑设计模数的，施工中应加倍注意，最好能在现场进行铝合金门窗加工制作，以确保门窗的尺寸与洞口尺寸能很好地吻合。

【学习支持】

6.2.1　施工准备与前期工作

1. 作业条件要求

在铝合金门窗框上墙安装前应确保以下各方面作业条件均已达到要求。

1）结构工程质量已经验收合格；

2）门窗洞口的位置、尺寸已核对无误，或经过剔凿、整修合格；

3）预留铁脚孔洞或预埋铁件的数量、尺寸已核对无误；

4）管理人员已进行了技术、质量、安全交底；

5）铝合金门窗及其配件、辅助材料已全部运到施工现场，数量、规格、质量完全符合设计要求；

6）已具备了垂直运输条件，并已接通了电源；

7）各种安全保护设施等齐全可靠。

2. 材料要求

1）检查核对运到现场的铝合金门窗的规格、型号、数量、开启形式等是否符合设计要求；

2）检查铝合金门窗的装配质量及外观质量是否满足设计要求；五金件是否配套齐全；辅助材料的规格、品种、数量是否能满足施工要求。

3）核实所有材料是否有出厂合格证及必须的质量检测报告，填写材料进场验收记录和复验报告。

3. 施工机具

铝合金切割机、小型电焊机、电钻、冲击钻、射钉枪、打胶筒、玻璃吸盘、线锯、手锤、錾子、扳手、螺丝刀、锉刀、水平尺、木楔、托线板、线坠、水平尺、钢卷尺、灰线袋等。

【任务实施】

6.2.2 施工操作程序与操作要点

现以常用的平开、推拉铝合金门窗为例，介绍铝合金门窗安装工艺流程和操作要点。

1. 安装工艺流程：放线→固定门窗框→填逢→门窗扇就位→玻璃安装→清理。

2. 操作要点。

1）放线：①铝合金门窗都是后塞口法安装；②放线时应以门窗口底平面 +50mm 为基准，左右两侧和上部应使门窗实际尺寸略小于框洞尺寸，具体尺寸多少以墙面内外装饰层不覆盖门窗框料为原则；③安装有地弹簧的平开铝合金门，要确保地弹簧顶面标高与地面饰面标高一致（图 6-6 ～图 6-9）。

图 6-6　放线

图 6-7　放线（框边垂线）

图 6-8　放线（框顶垂直、水平线）

图 6-9　放线（转角交线）

2）固定门窗框：铝合金门窗框与墙体的固定有三种方法：①在墙上钻孔，用 L 形 φ6 钢筋蘸水泥胶浆插入孔内，待固定后再将钢筋与门窗框连接铁件焊接；②连接铁件与预埋铁板或剔出的结构钢筋焊接；③用射钉枪或膨胀螺栓将门窗铁件与墙体固定（图 6-10）。

图 6-10　固定门窗框

3）填缝：①铝合金门窗框与墙体之间的缝隙严禁用腐蚀性强的水泥砂浆填塞；②具体做法是先分层填塞适当的保温和密封材料（如矿棉或玻璃棉毡条，要注意将保温或密封材料填实），然后再用嵌缝膏将缝隙表面抹平（图 6-11、图 6-12）。

图 6-11　填塞框缝

图 6-12　填塞框缝

4）门窗扇就位安装：①先拧边框侧的滑轮调节螺丝，使滑轮向下横内回缩，后顶起窗扇，使窗扇上横进入框内，再调节滑轮外伸使其卡在下框滑道内；②弹簧门扇的安装要保证门扇上横的定位销孔与地弹簧的转动轴在同一轴线，安装时先将地弹簧转轴拧至门开启位置，套上地弹簧连接杆，同时调节上横的转动定位销，待定位孔销吻合后将门合上，调出定位销固定。

5）玻璃安装：玻璃的安装通常是从边框一侧装入，然后再紧固好边框。玻璃在框内固定的方法有三种：①用橡胶条挤紧后再在表面注密封胶；②用 10mm 左右长的橡胶块均匀挤紧后再用打胶筒注入密封胶（玻璃胶）；③用通长异形橡胶密封条在框内外侧卡紧玻璃，不注胶，此种方法最为常用（图 6-13、图 6-14）。

图 6-13 玻璃安装

图 6-14 窗框

6）清理：完工后，注意清理溢出的玻璃胶、嵌缝膏等，湿作业未完成是型材表面的保护膜不能撕掉，玻璃上如有胶迹，可用香蕉水擦拭。

【学习支持】

【知识链接】

1. 运入工地现场的铝合金门窗应放置在通风良好、干燥且清洁的仓库内。

2. 放置处的枕木面离地高度应 ≥ 100mm，每码堆不得超过 15 樘（扇），每樘

（扇）间应用软材料垫平，以防止压伤及铝合金、五金件间的相互摩擦破坏型材表面的保护膜。

3. 门窗洞口必须要有滴水线，安装前应先检验。

4. 安装铁片宜采用卡式，尽量减少破坏铝合金保护层的加工量。

5. 门窗装入洞口墙体就位临时固定后，应检查四周边框和中间框架，是否用规定的保护胶纸和薄膜封贴包好，再进行门窗框与墙体安装缝隙的填嵌密封和洞口墙体表面装饰等施工，以防止水泥砂浆、灰水、喷涂材料等污损门窗表面。

6. 铝合金型材结合部应用中性胶进行密封，防止雨水进入没有保护层的内腔。通常腐蚀是从没有保护层的内腔开始的。

7. 内外装修完工后，撕去保护胶带并清洁门窗，不得用腐蚀性的液体以及硬物清洁门窗，以免破坏表面漆膜。

8. 禁止人员踩踏门窗，不得在门窗框架上安放脚手架、悬挂重物，经常出入的门窗洞口，应及时用木板等材料将门窗框保护好，严禁擦碰铝门窗产品，防止门窗变形损坏。

【学习提示】

铝是活泼金属，保护层损伤处是没有防腐能力的，容易发生腐蚀，应采取必要的措施加强对型材表面漆膜的保护。水是腐蚀之源，应防止雨水进入没有防腐能力的铝合金型材内腔。

6.2.3　施工质量控制要求

1. 保证项目

（1）铝合金门窗及其附件质量必须符合设计要求和有关标准的规定。

（2）铝合金门窗的门窗尺寸、开启方向、安装位置必须符合设计要求。门窗扇开关灵活、关闭严密、间隙均匀

（3）门窗安装必须牢固，防腐处理和预埋件的数量、位置、埋设连接方法等必须符合设计要求，框与墙体安装缝隙填嵌饱满密实，表面平整光滑无裂缝，填塞材料及方法符合设计要求，并办理隐蔽记录。

2. 基本项目

（1）门窗附件齐全安装牢固，位置正确，灵活适用，达到各自的功能，端正美观。

（2）门窗扇开启灵活，关闭严密，定位准确，扇与框搭接量符合设计要求。

（3）门窗安装后表面洁净，无明显划痕、碰伤及锈蚀。密封胶表面平整光滑，厚度均匀。

（4）弹簧门扇定位准确，开启角度为 90°±1.5°。关闭时间在 6～10s 范围

之内。

3. 铝合金门窗安装尺寸允许偏差、限值和检验方法应符合要求（图 6-15）。

图 6-15　检查五金件安装是否合格

6.2.4　常见工程质量问题及防治方法

1. 材料不符合标准。预防措施：①进场型材及附件，应检查核实出厂质量合格证；②对已进场的型材应逐批用卡尺测量各种型材的实际壁厚，不符合设计规定者不得使用。

2. 制作粗糙，拼合缝隙过大，沉头钉外突。预防措施：①截料端头不允许有加工变形，尺寸偏差不得大于规定，毛刺应清除干净；②打孔钻头应与沉头钉直径配套。

3. 门窗框位置不准。预防措施：①室内墙面应弹好水平基准线，据此校正门窗标高；②在门窗洞口四周墙体上弹好门窗框安装线，按线嵌固门窗框；③门窗就位后，应先用木楔临时固定，待找平、吊正、校准无误后，方可固定门窗框连接铁件。

4. 外窗框不留嵌密封膏的打口。预防措施：门窗套粉刷时，应在门窗框的外框边嵌条，留 5～8mm 深的打口，打口内用密封膏填充密封，表面应压平、光洁。

5. 窗框周边误用水泥砂浆嵌缝。预防措施：①认真阅读图样，严格按图施工；②门窗外框四周应为弹性连接，至少填充 20mm 厚的保温软质材料，同时避免门窗框四周形成冷热交换区；③粉刷门窗套时，门窗内、外框周边均应留槽口，用密封胶填平、压实。严禁用水泥砂浆直接同门窗框接触，以防腐蚀门窗框。

6. 砖砌墙体用射钉连接门窗框，铁脚不牢固。预防措施：当门窗洞口为砖砌墙体时，应用钻孔或凿孔方法，再用膨胀螺栓固定连接件，不得用射钉固定铁脚

7. 外墙面推拉窗槽口内积水，发生渗水。预防措施：①下框、外框和轨道应钻排水孔；横竖框相交缝隙注硅酮胶封严；②窗下框与洞口间隙的大小，应根据不同饰面材料留设，一般间隙不小于 50mm，使窗台能放流水坡。切记密封胶掩埋框边，应避免槽口积水无法外流。

8.灰浆污染门窗框。预防措施：①室内外粉刷未完成前切勿撕掉门窗框保护胶带；②门窗套粉刷或室内外刷浆时，应用塑料膜等遮掩门窗框；③若门窗框粘上灰浆，应及时用软质布抹除，切忌用硬物刨刮。

【评价】

通过实训操作进行考核评价，按时间、质量、安全、文明、环保要求进行考核。首先学生按照表 6-2 项目考核评分，先自评，在自评的基础上，由本组的同学互评，最后由教师进行总结评分。

项目综合实训考核评价表   表 6-2

姓名：   总分：

序号	考核项目	考核内容及要求	评分标准	配分	学生自评	学生互评	教师考评	得分
1	时间要求	270 分钟	不按时无分	10				
2	质量要求	放线	1. 处理不规范扣 5 分 2. 技术准备不充分扣 5 分	10				
		固定门窗框	1. 不能正确使用工具扣 15 分 2. 不符合施工规范扣 15 分	30				
		门窗扇就位	1. 水平度不符合要求扣 15 分 2. 闭合不严扣 15 分	30				
		玻璃安装	1. 配合尺寸不准扣 10 分 2. 未能正确安装扣 10 分	20				
3	安全要求	遵守安全操作规程	不遵守酌情扣 1～5 分					
4	文明要求	遵守文明生产规则	不遵守酌情扣 1～5 分					
5	环保要求	遵守环保生产规则	不遵守酌情扣 1～5 分					

注：如出现重大安全、文明、环保事故，本项目考核记为零分。

【课后讨论】

1.请简要说明铝合金门窗安装原则有哪些？

2.铝合金门窗扇的安装标准是什么？

3.请编制铝合金门窗工程施工流程。

任务 3   建筑装饰木门窗安装施工

【任务描述】

木门窗即以木材为原料制作的门窗，这是最原始、最悠久的门窗。由于其易腐蚀变形、无密封措施等，现在的装饰工程使用量逐渐减少，但木材的自然美，以及能做各种造型的特点，在很多具有装饰风格的工程上还在大量使用。

现代工业的发展，木门窗也大量在工厂生产成半成品和成品，大大减少了在现场加工制作的工作，工程施工时只需要选定符合要求的成品门窗进行安装即可。本节主要介绍木门窗的安装施工方法。

【学习支持】

木门窗工程施工执行以下国家规范：

《建筑工程施工质量验收统一标准》GB50300-2013

《建筑装饰装修工程施工质量验收规范》GB50210-2011

《建筑安装分项工程施工工艺规程》BDJ01-26-2003

《住宅装饰装修工程施工规范》GB50327-2002

【学习支持】

6.3.1   施工准备与前期工作

1. 作业条件

1）门窗框和扇安装前应先检查有无窜角、翘扭、弯曲、劈裂，如有以上情况应先进行修理。

2）门窗框靠墙、靠地的一面应刷防腐涂料，其他各面及扇页均应涂刷清油一道。刷油后分类码放平整，底层应垫平、垫高。每层框与框、扇与扇间垫木板条通风，如露天堆放时，需用苫布盖好，不准日晒雨淋。

3）安装外窗以前应从上往下吊垂直，找好窗框位置，上下不对者应先进行处理。窗安装的调试，+50cm 平线提前弹好，并在墙体上标好安装位置。

4）门框的安装应依据图纸尺寸核实后进行安装，并按图纸开启方向要求安装时注意裁口方向。安装高度按室内 50cm 水平线控制。

5) 门窗框安装应在抹灰前进行。门扇和窗扇的安装宜在抹灰完成后进行，如窗扇必须先行安装时应注意成品保护，防止碰撞和污染。

2. 材料要求

(1) 木材选用（图6-16）。

软木：如选用落叶松、马尾松、桦木等易变形树种时应采用窑干法干燥木材，含水率不大于12%。

硬木：如选用水曲柳、黄菠椤、楠木、榉木等不易变形树种。可采用气干法干燥木材，并要涂刷一遍底漆，防止受潮变形。采用易腐朽易虫蛀的木材制作门窗时，整个构件应进行防腐、防虫处理。

玻璃：单块玻璃面积在 0.5m² 以下，一般采用 2mm 或 3mm 厚玻璃。

图 6-16　木材选用

(2) 木门窗五金配件齐全。

3. 施工机具

粗细刨、花色刨、线刨、手锯、电锯、机刨、电钻、尺、锤、斧、凿、铲、线缀、木钻、墨斗等。

【任务实施】

6.3.2　施工操作程序与操作要点

1. 施工工艺流程。安装门窗有两种施工方法：一种是立口法（图6-17），另一种是塞口法（图6-18）。

图 6-17　门框立口安装示意图

图 6-18　门框塞口安装示意图

立口法的施工工艺流程：定位→立门窗框→临时固定→砌墙→安装门窗扇。

塞口法的施工工艺流程：定位→留门窗洞口→砌墙→安装门窗框→固定。

2. 操作要点。

1）立口安装。立口安装前按图纸要求确定门窗中线和边线。

【知识链接】

（1）当墙体砌筑至门窗标高处时，将门窗框立入，用支撑临时固定，检查标高、水平度和垂直度。如不符合要求，可通过移动支撑、垫木片或做砂浆调整。门窗框侧面砌墙时每边应砌入木砖不少于 2 ~ 3 块。

（2）门窗框安装时墙体若为砌块，应事先预排组砌方案，使砌块的组砌模数与门窗洞口尺寸一致，如不符模数应预先对砌块裁割或填充标准砖，使洞口尺寸准确。

【提醒事项】

立框时要注意两点：一是注意门窗的开启方向，以防安装反了而难以纠正；二是注意门窗框是立于墙中还是立于内墙面，若是立于内墙面，门窗框应出内墙面20mm，这样抹完灰后，门窗框正好与内墙面相平。

2）塞口安装。检查预留门窗洞口尺寸。洞口尺寸应比门窗尺寸大30～40mm。

安装门窗框时：先塞入门窗框，用木楔临时固定，校正完水平度和垂直度后，用铁钉将门窗框钉牢在木砖上。安装时应注意门窗的开启方向和门窗框在墙中的相对位置。

图6-19　安装门窗框

3）门窗扇的安装。安装门窗扇时应特别注意开启方向，以免将扇上错。

因木材有干缩湿涨性能，且门窗框扇均需油漆打底，考虑到其厚度，安装门窗扇时除检查扇与门窗框配合的松紧度外，还应考虑留缝。

一般门扇对口处竖缝留1.5～2mm，窗扇竖缝为2mm，并按此尺寸对扇进行修刨。修刨好门窗扇，在距门窗扇上、下边1/10高度处，用扇铲剔出合页槽，装上合页，检查扇框是否齐平、缝隙是否符合要求。

4）玻璃安装。安装工序是：分放玻璃→清理裁口→涂抹底油灰→嵌钉固定→钉木压条（或涂表面油灰）。

【知识链接】

（1）分放玻璃。按照当天安装的数量，把已裁好的玻璃分放在安装地点。注意切勿放在门窗开关范围内，以防不慎碰撞碎裂。

（2）清理裁口。清理玻璃槽内的灰尘和杂物，保证油灰与玻璃槽的有效粘结。

涂抹底油灰。沿截口全场均匀涂抹1～3mm厚的油灰，随后把玻璃推入玻璃槽内，压实后收净底灰。抹底油灰的目的是使玻璃与窗框紧密吻合，减少玻璃震荡造成的碎裂。油灰有商品油灰，也可自己配制，自配油灰的配合比为蚬壳灰粉（或福粉）:桐油:水为 100:27.5:2.5。

（3）嵌钉固定。玻璃四边分别钉上玻璃钉，间距为 150～200mm，每边不少于两个钉子。钉完后检查嵌钉是否平实，一般由轻敲玻璃所发出的声音就可判定。

钉木压条。选用光滑平直、大小一致的木压条，用小钉子钉牢。钉帽应进入木压条表面 1～3mm，不得外露。注意不得将玻璃压得过紧，以免挤破玻璃。

如果涂表面的油灰，则要求涂抹表面光滑、无流淌、裂缝、麻面和敏皮等现象。涂抹的目的是使打在玻璃上的雨水易于淌走而不会腐蚀窗框。

6.3.3　施工质量控制要求

1. 安装前的检验：

1）洞口尺寸与门窗框外尺寸之差应符合留缝规定。缝隙过大或过小必须先修整再安装门窗框。

2）严格检查木砖数量与间距。

3）吊线应从上往下拉通线。

2. 木材树种、材质、含水率，以及防腐、防虫、防火处理必须符合设计或施工规范要求。

3. 门窗表面应平整无缺棱、掉角，表面光洁无接槎、刨痕、毛刺、锤印等，清油制品的色泽、木纹应近似。

4. 门窗裁口、起线、割线、拼缝等应符合顺直、光滑、准确、严密、交圈整齐、无胶迹等要求。

5. 木门窗的安装必须牢靠，门窗框与墙体的连接点每边不少于 3 点。门窗框与墙体之间应填塞保温材料。

6. 油漆操作一定要在室外装修完成后进行。

7. 裁口顺直、开关灵活稳定；小五金件安装位置适宜，槽深一致，边缘整齐，尺寸准确，零件齐全，开关自如。

8. 人造板材和胶等材料的有害气体含量必须符合国家相关标准的要求。

6.3.4　常见工程质量问题及防治方法

1. 小五金安上后不久就锈蚀。预防措施：小五金应选用镀铬、不锈钢或铜质产品制作。

2. 框、扇翘曲。预防措施：①选择适合制作门窗的树种；②木材需经窑干法干燥处理；③制作前现场抽样检测其木料含水率应在 12% 以下。

3. 框和扇、扇和扇结合处高低差过大。预防措施：①严格掌握裁口，加工后试拼相互吻合，手摸无高低差；②安装时仔细刨修。

4. 纤维板、胶合板不平，脱胶起鼓。预防措施：①胶结的材料应采用耐水或半耐水的酚醛或酚醛树脂，干燥时间约24h；②控制内层骨架纵横间距不要太大，骨架平整。

5. 门窗扇表面明显缺陷，表面粗糙。预防措施：①按选材标准选材；②用砂光机砂光表面安装。

6. 框松动，与抹灰层间产生缝隙。预防措施：木砖安装牢固；安装框时，锤击木砖造成松动，要修补。

7. 门窗扇开关不灵活。预防措施：①门窗框扇的侧面要平整，留缝宽度不能太小；②铰链槽深浅要均匀，安装要平整、垂直；③处理不平地面或门窗扇。

【评价】

通过实训操作进行考核评价，按时间、质量、安全、文明、环保要求进行考核。首先学生按照表 6-3 项目考核评分，先自评，在自评的基础上，由本组的同学互评，最后由教师进行总结评分。

项目综合实训考核评价表　　　　表 6-3

姓名：　　　　　　　　　　　　　　　　　　　　　　　　　　　　　　　　　　　　　总分：

序号	考核项目	考核内容及要求	评分标准	配分	学生自评	学生互评	教师考评	得分
1	时间要求	270 分钟	不按时无分	10				
2	质量要求	定位	不能正确定位扣 10 分	10				
		安装门窗框	1. 不能正确使用工具扣 15 分 2. 不符合施工规范扣 15 分	30				
		安装门窗扇	1. 不能正确使用工具扣 15 分 2. 不符合施工规范扣 15 分	30				
		玻璃安装	1. 安装不标准扣 10 分 2. 未按规范施工扣 10 分	20				
3	安全要求	遵守安全操作规程	不遵守酌情扣 1 ~ 5 分					
4	文明要求	遵守文明生产规则	不遵守酌情扣 1 ~ 5 分					
5	环保要求	遵守环保生产规则	不遵守酌情扣 1 ~ 5 分					

注：如出现重大安全、文明、环保事故，本项目考核记为零分。

【课后讨论】

1. 木门窗工程的安装方法有那两种？试述两种工艺的差别。

2. 简述木门窗的安装施工要点？

3. 试述门窗玻璃安装工艺？

参考文献

[1] 沈百禄.建筑装饰 1000 问.北京：机械工业出版社，2008.6

[2] 王岑元.建筑装饰装修工程——水电安装.北京：化学工业出版社，2006.6

[3] 沈百禄.建筑装饰 1000 问.北京：机械工业出版社，2008

[4] 王岑元.建筑装饰装修工程 - 水电安装.北京：化学工业出版社，2006

[5] 纪士斌.建筑装饰装修工程施工.北京：中国建筑工业出版社，2003

[6] 中国建筑科学研究院.建筑装饰工程质量验收规范.北京：中国建筑工业出版社，2002

[7] 中国建筑科学研究院.塑料门窗工程技术规范.北京：中国建筑工业出版社，2008

[8] 中国建筑金属结构协会.铝合金门窗工程技术规范.北京：中国建筑工业出版社，2011